装饰工程定额计量

朱雯轩 编著

同济大学出版社
TONGJI UNIVERSITY PRESS
·上海·

内 容 提 要

本书根据工程造价专业教学标准与课程标准，结合《上海市建筑和装饰工程预算定额(SH 01-31-2016)》进行编制。本书以工作任务为主线，结合大量例题与实操，让学生能温故而知新。同时，考虑到中职学生的特点，采取项目教学的方法，通过专业知识和相应练习实例，完成教学任务；练习内容经过一定程度的变化，使学生在巩固理论知识的同时，学会举一反三。本书按照理论与实操结合的知识体系划分章节，主要介绍装饰工程预算定额基础知识、建筑面积基础知识和计算、分部分项工程定额计量、工程实例等。

本书适合作为建筑工程相关专业的中高职贯通教材，也可以用作教师及有关工程技术人员的参考学习用书。

图书在版编目(CIP)数据

装饰工程定额计量 / 朱雯轩编著. -- 上海：同济大学出版社，2023.10

ISBN 978-7-5765-0933-5

Ⅰ.①装… Ⅱ.①朱… Ⅲ.①建筑装饰—建筑经济定额—中等专业学校—教材 Ⅳ.①TU723.3

中国国家版本馆 CIP 数据核字(2023)第 188449 号

装饰工程定额计量

朱雯轩 **编著**

责任编辑 宋 立 周锦欣 **责任校对** 徐春莲 **封面设计** 于思源

出版发行 同济大学出版社 www.tongjipress.com.cn

(地址：上海市四平路 1239 号 邮编：200092 电话：021-65985622)

经　　销 全国各地新华书店

制　　作 南京月叶图文制作有限公司

印　　刷 启东市人民印刷有限公司

开　　本 787 mm×1092 mm 1/16

印　　张 10.75

字　　数 268 000

版　　次 2023 年 10 月第 1 版

印　　次 2023 年 10 月第 1 次印刷

书　　号 ISBN 978-7-5765-0933-5

定　　价 48.00 元

前言 PREFACE

本书根据工程造价专业教学标准与课程标准，结合《上海市建筑和装饰工程预算定额(SH 01-31-2016)》进行编制。

本书体现了“人本主义、加强学生创新能力培养”的教学理念，本书内容体系以工作任务为主线，结合大量例题，充分落实“理实一体”的教学要求；并通过实操，让学生能温故而知新，达到掌握理论知识、提升实践能力的目标。同时，本书考虑到中职学生的特点，以提高学生技能为目的，采取项目教学的方法，通过专业知识和相应练习实例，完成教学任务；练习内容经过一定程度的变化，使学生在巩固理论知识的同时，领会到灵活应变的技巧，学会举一反三，达到学以致用的目的。

本书内容分为四个单元，主要介绍装饰工程预算定额基础知识、建筑面积基础知识和计算、分部分项工程定额计量、工程实例等。书中习题参考答案可通过扫描书后二维码进行下载。本书适合作为建筑工程等相关专业的中高职贯通教材，也可以用作教师及有关工程技术人员的参考学习用书。

本书由上海市建筑工程学校朱雯轩老师编著，钱玉婷、钱岩、徐雯雯、顾宁宁等老师参编而成。同时，感谢上海市建筑装饰工程集团有限公司缪健东老师、上海建科造价咨询有限公司沈皓吉老师的大力支持。由于编制时间较紧，编者的专业水平和实践经验有限，书中难免存在不妥之处，敬请批评指正。

编者

2023 年 10 月

目录 CONTENTS

第 1 单元

装饰工程预算定额基础知识

单元目标

通过本单元的学习，了解建筑装饰工程定额基础知识和《上海市建筑和装饰工程预算定额(SH01-31-2016)》的相关内容。

1.1 装饰工程相关概念

1.1.1 建设项目概论

目标要求

(1) 了解工程建设的相关概念。

(2) 熟练掌握建设项目的划分。

1.1.1.1 工程建设的概述

工程建设是指投资建造固定资产和形成物质基础的经济活动。凡是固定资产扩大再生产的建设、扩建、改建、恢复工程及与之相关的活动均称为工程建设。

1.1.1.2 建设项目的概念及层次划分

通常将工程建设项目简称为建设项目。建设项目按照合理确定工程造价和基本建设管理工作的要求可划分为建设项目、单项工程、单位工程、分部工程和分项工程五个层次。

(1) 建设项目一般是指在一个总体设计范围内，由一个或几个工程项目组成经济上实行独立核算、行政上实行独立管理，并且具有法人资格的建设单位(图 1-1-1)。例如，某学校由教学楼、图书馆、食堂等组成。

图 1-1-1 建设项目

(2) 单项工程是建设项目的组成部分,是指具有独立的设计文件,竣工后可以独立发挥生产能力或能产生效益的工程(图 1-1-2)。例如,某学校的图书馆。

(3) 单位工程是单项工程的组成部分。单位工程是指具有独立的设计文件,能单独施工,但建成后不能独立发挥生产能力或产生效益的工程(图 1-1-3)。例如,装饰工程。

图 1-1-2　单项工程——图书馆

图 1-1-3　单位工程——装饰工程

(4) 分部工程是单位工程的组成部分。分部工程一般按工种工程来划分(图 1-1-4)。例如,门窗工程。

图 1-1-4　分部工程——门窗工程

图 1-1-5　分项工程——砌墙工程

(5) 分项工程是分部工程的组成部分。一般按照分部工程划分的方法,再将分部工程分为若干分项工程(图 1-1-5)。例如,砌墙工程。

1.1.1.3　建筑产品的概念和划分

建筑产品是指工程建设的勘察、设计成果和施工、竣工验收的建筑物、构筑物及构配件和其他设施。

建筑产品按对象可划分为建筑工程、市政工程、设备安装工程及装饰装修工程等。

(1) 建筑工程指一个单位工程的主体结构,如图 1-1-6 所示。

(2) 市政工程多指城市内道路、给排水管道等公共设施结构,如图 1-1-7 所示。

图 1-1-6　建筑工程

图 1-1-7　市政工程

(3) 设备安装工程指设施配套的线路、管道和设备的安装，如图 1-1-8 所示。

(4) 装饰装修工程指为保护建筑物的主体结构、完善建筑物的使用功能和美化建筑物而进行的工程，如图 1-1-9 所示。

图 1-1-8　设备安装工程

图 1-1-9　装饰装修工程

1.1.2　工程造价概述

目标要求

(1) 了解工程造价的相关内容。

(2) 了解工程造价的基本含义。

1.1.2.1　工程造价的含义

工程造价的第一种含义：从业主(投资者)的角度定义，工程造价是指建设一项工程预期开支或实际开支的全部固定资产投资费用，包括建筑安装工程费、设备及工器具购置费、工程建设其他费用、预备费、建设期贷款利息与固定资产方向调节税。投资者在投资活动中所支付的全部费用最终呈现为工程建成以后交付使用的固定资产、无形资产和递延资产价值，所有这些开支构成了工程造价。从这一意义上来说，工程造价就是建设项目的固定资产投资费用。

工程造价的第二种含义：从市场的角度来定义，工程造价是指工程价格，即为了建成一项工程，预计或实际在土地市场、设备市场、技术劳务市场以及承包市场等交易活动中所形成的建筑安装工程的价格和建设工程总价格。显然，工程造价的第二种含义是将工程项目作为特殊的商品，通过招投标、承发包和其他交易方式，在多次预估的基础上，最终由市场形成价格。通常把工程造价的第二种含义认定为工程承发包价格。

1.1.2.2 工程造价基本原理

工程造价的基本原理在于工程项目的分解与组成，任何一个建设项目都可以分解为一个或几个单项工程；任何一个单项工程都由一个或几个单位工程所组成；作为单位工程的各类建筑工程和安装工程，仍然是一个比较复杂的综合实体，还需要进一步分解；就装饰工程来说，又可以按照施工顺序细分(图 1-1-10)。

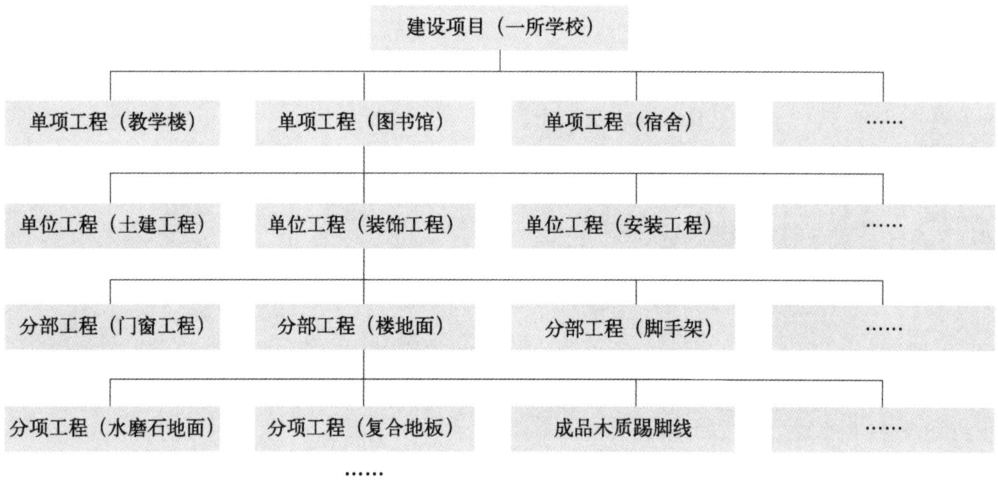

图 1-1-10 建设项目分解示意图

1.1.2.3 工程造价的特点

1）**大额性**

任何一项建设项目，不仅实物形态庞大，而且造价高昂，需投资几百万、几千万甚至上亿资金。工程造价的大额性关系到多方面的经济利益，同时也会对社会宏观经济产生重大影响。如金茂大厦楼高 420.5 m，地上 88 层，地下 3 层，裙房 6 层，总建筑面积 29 万 m^2，造价近 5.4 亿美元。

2）**单个性**

任何一项建设项目都有特殊的用途，不同建设项目的功能或用途通常不同。因此，每一项工程的结构、造型、平面布置、设备配置和内外装饰都有不同要求。工程内容和实物形态的个别差异决定了工程造价的单个性。

3）层次性

一个建设项目可以划分为五个层次，每个层次都有其特定的造价。这些层次包括：建设项目总造价、单项工程造价、单位工程造价、分部工程造价和分项工程的造价。这些层次的划分反映了建设工程的复杂性和多样性，也使得工程造价更加精细化和全面化，有助于更好地管理和控制工程建设的造价。

4）动态性

任何一项建设项目从决策到竣工交付使用，都有一个较长的建设期。在这期间，如遇相关工程变更、材料价格、工程相关规费以及银行利率、汇率等的变动，势必会造成工程造价变动。因此，直至竣工结算后才能最终确定工程实际造价。建设周期长，资金的时间价值突出，这些体现了建设工程造价的动态性。

5）阶段性（多次性）

建设项目建设周期长、规模大、造价高，这就要求在工程建设的各个阶段进行多次计价，并对其实行监督和控制，以保证工程造价计算的准确性和控制的有效性。多次性计价的特点决定了一个建设工程的工程造价不是固定、唯一的，而是一个随着工程项目的进行而逐步深化、细化和接近实际造价的过程（图 1-1-11）。

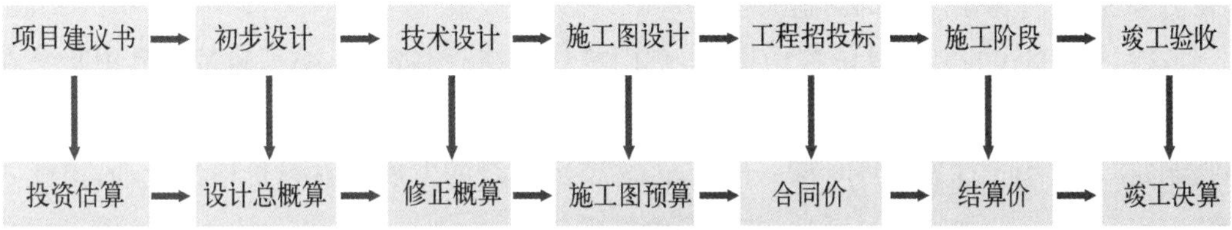

图 1-1-11　多次性计价示意图

1.1.2.4　施工图预算

在施工图设计阶段，根据施工图以及各种计价依据和有关规定编制施工图预算，它是施工图设计文件的重要组成部分。经审查批准的施工图预算是签订建筑安装工程承包合同、办理建筑安装工程价款结算的依据，它比设计总概算造价或修正概算造价更为详尽和准确，但不能超过设计总概算造价。

1.1.2.5　工程建设定额

定额是一种规定的额度，是人们根据各种不同的需要，对某一事物规定的数量标准。工程建设定额是工程建设中各类定额的总称。在工程项目建设过程中，需要消耗大量的人力、物力和资金，工程建设定额作为众多定额中的一类，就是对这些消耗量的数量规定。工程建设定额即在一定生产力水平下，建设单位工程产品时所需的人工、材料、机械、资金消耗的规定额度，这种数量关系体现了在正常施工条件、合理的施工组织设计、合格产品的要求下各种生产要素消耗的社会平均合理水平。工程建设领城存在的多种定额都是工程造价计价的重要依据。

1.1.3 工程计价概述

目标要求

(1) 能复述定额计价模式。

(2) 能了解工程造价定额计价依据。

工程造价计价就是计算和确定建设项目的工程造价,简称工程计价。

1.1.3.1 定额计价模式

在我国,工程造价计价的主要思路是将建设项目最小的单位分项工程的工程量与相应单价相乘后,进行汇总而成建筑安装工程造价。工程造价计价的基本原理:

$$建筑安装工程造价=\sum[单位工程基本构造要素(分项工程)工程量\times相应单价]$$

定额计价模式是我国工程建设在工程价格形成过程中长期采用的计价模式。该模式主要按照定额规定的分部分项子目和工程量计算规则,逐项计算工程量,套用定额单价(或单位估价表)来确定直接费,再根据规定的费率和取费程序,以及材料价格调整系数、不可预见费等因素,计算出工程的总造价。

定额计价模式的特点是价格由国家、部门或地区统一制定,反映了建筑产品中凝结在工程中的物化劳动和活劳动的价值,是工程定价的基础。该模式的优点是具有法定性,可以强制执行,适用于计划经济时期。然而,随着市场经济的发展和材料价格的波动,该模式的缺点也日益显现,如缺乏灵活性、与市场价格脱节等。

定额的制定和更新是一项重要的工作,通常由政府主管部门或行业协会负责。他们会根据国家政策、行业发展以及市场需求等因素,定期对定额进行调整和更新,以满足工程建设市场的实际需求。本书选用的《上海市建筑和装饰工程预算定额(SH-01-31-2016)》不再对定额单价做规定,而是采用了市场定价的模式,可以使定额编制更加灵活,能够更好地适应市场的变化和行业的快速发展。

1.1.3.2 工程计价的依据

工程计价的依据包括以下几种。

(1) 计算设备数量和工程量的依据。主要包括:可行性研究资料;初步设计、扩大初步设计、施工图设计阶段的施工图和资料;工程量计算规则;施工组织设计或施工方案等。

(2) 计算分部分项工程人工、材料、机械台班消耗量及费用的依据。主要包括:概算指标、概算定额和预算定额;人工费单价、材料预算单价和机械台班单价;企业定额和市场价格。

(3) 计算建筑安装工程费用的依据。主要包括建筑安装工程费用定额、利润率和价格指数等。

(4) 计算设备费的依据。包括设备价格和运杂费率等。

(5) 建设工程工程量清单计价规范。

(6) 计算工程建设的其他费用依据。包括用地指标、各项工程建设其他费用定额等。

(7) 执行与计算造价相关的法规和政策。包括在工程造价内的税种、税率;与产业政策、能源政策、环境政策、技术政策和土地等资源利用政策有关的取费标准、利率和汇率;以及其他计价依据。

1.2　装饰工程定额的认知

1.2.1　预算定额概述

目标要求

(1) 了解装饰工程定额。

(2) 正确选用工程量计量单位。

预算定额是指在合理的施工组织设计和正常施工条件下,为完成一定计量单位的合格工程产品所需的人工、材料和机械台班的社会平均消耗量标准,是计算建筑安装产品价格的基础。

1.2.1.1　预算定额的作用

(1) 预算定额是编制施工图预算、确定建筑安装工程造价的基础。

(2) 预算定额是工程结算的依据。

(3) 预算定额是工程成本核算的基础。

(4) 预算定额是合理编制招标标底的基础。

(5) 预算定额是编制概算定额的基础。

1.2.1.2　预算定额的分类

(1) 按专业性质划分,预算定额分为建筑工程定额和安装工程定额两大类。

(2) 按管理权限和执行范围划分,预算定额可分为全国统一定额、行业统一定额和地区统一定额等。

(3) 按物资要素划分,预算定额可分为劳动定额、机械台班定额和材料消耗定额,它们相互依存并构成一个整体,各自不具有独立性。

1.2.1.3　装饰工程预算编制依据

(1) 我国现行法律、法规及有关规定。

(2) 施工图纸及说明书和有关标准图等资料。

(3) 施工组织设计或施工方案。

(4) 工程量计算规则。

(5) 现行预算定额和有关动态调价规定。

(6) 招标文件或工程施工合同。

(7) 工具书和有关手册。

(8) 其他相关资料。

1.2.1.4 装饰工程预算编制步骤

(1) 熟悉图纸和施工方案。

(2) 列出分项项目计算工程量。

(3) 套用定额,计算分项项目单价。

(4) 换算及补充,汇总分部、单位工程直接费。

(5) 工料分析,汇总人工、材料及机械消耗量。

(6) 根据取费标准,计算工程施工费用。

(7) 填写编制说明,计算平方米造价。

(8) 装订。

1.2.1.5 装饰工程预算编制原理

因为建筑产品具有单件性、固定性以及生产的多样性和流动性等特点,所以即使采用同一套施工图纸,也会因为施工地点、材料来源和施工组织等要素不同,而造成建筑产品价格的不同。因此,建筑产品必须按单件计价。然而对一个体量庞大、生产周期长、生产环节多且程序复杂的建筑产品而言,很难确定整个工程的价格。因此,需要将一个建设项目由大到小逐步分解,直至分解为分项工程,找出最容易计算工程造价的计算单位逐项计算,然后再由小到大,逐个汇总。

1.2.2 上海市装饰工程定额概况

目标要求

(1) 了解装饰工程定额。

(2) 明确预算定额计量单位的选择。

1.2.2.1 定额介绍

1. 定额的概念

定额是指在正常的施工条件下,完成一定计量单位的合格产品所消耗的劳动力、材料和机械台班的数量标准。

2. 定额的适用范围

本节所讨论的定额适用于上海市行政区域范围内的工业与民用建(构)筑物的新建、扩建、改建及装饰工程。

3. 定额水平

定额水平是由定额规定的完成单位合格产品所使用的资源消耗数量标准。上海定额是以正常施工条件、多数施工企业采用的施工方法、装备设备和合理的劳动组织及工期为基础编制的，反映了上海地区的社会平均消耗量水平。

4. 人工消耗量确定原则

关于人工消耗量，定额分为技术工和其他工两大类，每工日按 8 小时工作制计算。

5. 材料消耗量确定原则

凡能计量的材料、成品、半成品均按品种和规格逐一列出数量，并计入相应损耗。难以计量的零星材料，即其他材料费以该项材料费之和按百分比表示。

6. 机械台班消耗量的确定原则

定额中的机械种类、规格是在正常施工条件下，按常用的机械类型确定，与定额的台班消耗量相对应。难以计量的零星机械，即其他机械费以该项机械费之和按百分比表示。

7. 机械进出场费

本定额未包括大型机械（打桩机械、土方机械和吊装机械）的场外运输、安拆及路基和轨道铺设等，上述内容另行计算。

8. 材料测试

本定额未包括材料、构件和配件的检验、试验费用。

9. 定额界定

定额内注有“×××以内”或“×××以下”者均包括×××本身；“×××以外”或“×××以上”者均不包括×××本身。

10. 计量单位的确定(部分)

(1) 物理计量单位

体积—m^3；面积—m^2；长度—m；重量—kg、t。

(2) 自然计量单位

自然计量单位包括：“个”“组”“把”“只”“付”“套”“扇”“樘”“座”等。

1.2.2.2　装饰工程预算定额由以下内容组成

1. 文字说明

文字说明包括总说明、分部说明、工程量计算规则和分部分项工程的工作内容说明四部分。

1) 总说明

(1) 编制预算定额各项规定。

(2) 预算定额的作用。

(3) 预算定额的适用范围。

(4) 编制预算定额各项依据。

(5) 预算定额编制的基础及反映的水平。

(6) 预算定额工、料、机消耗量确定的依据。

(7) 预算定的其他相关规定计说明。

2) 分部说明

(1) 分部工程包括的子目内容。

(2) 分部工程有关系数及使用说明。

(3) 分部工程施工说明。

(4) 特殊问题处理方法的说明。

3) 工程量计算规则

(1) 分部分项工程的工程量计算规则。

(2) 常用相应工程量计算公式。

(3) 部分计算尺寸选用的规定。

4) 分部分项工程的工作内容说明

分部分项工程工作内容是对其施工细节进行描述。包括施工前的准备工作、工程的施工过程和施工后的收尾工作。

2. 分项定额消耗量指标

各分项定额的消耗指标是预算定额最基本的内容,共有十七章。

(1) 土石方工程。

(2) 地基处理与边坡支护工程。

(3) 桩基工程。

(4) 砌筑工程。

(5) 混凝土及钢筋混凝土工程。

(6) 金属结构工程。

(7) 木结构工程。

(8) 门窗工程。

(9) 屋面及防水工程。

(10) 保温、隔热、防腐工程。

(11) 楼地面装饰工程。

(12) 墙、柱面装饰与隔断、幕墙工程。

(13) 天棚工程。

(14) 油漆、涂料、裱糊工程。

(15) 其他装饰工程。

(16) 附属工程。

(17) 措施项目。

3. 附录

附录主要内容为“建筑工程主要材料损耗率取定表”。

定额说明[①]

一、《上海市建筑和装饰工程预算定额(SH－01-31-2016)》(以下简称本定额)是根据沪建交(2012)第1057号文“关于修编本市建设工程预算定额的批复”及其有关规定，在《上海市建筑和装饰工程预算定额》(2000)及《房屋建筑与装饰工程消耗量定额》(TY 01-31-2015)的基础上，按国家标准的建设工程计价、计量规范，包括项目划分、项目名称、计量单位、工程量计算规则等与本市建设工程实际相衔接，并结合多年来“新技术、新工艺、新材料、新设备”和节能、环保等绿色建筑的推广应用而编制的量价完全分离的预算定额。

二、本定额是完成规定计量单位分部分项工程所需的人工、材料、施工机械台班的消耗量标准，是编制施工图预算、最高投标限价的依据，是确定合同价、结算价、调解工程价款争议的基础；也是编制本市建设工程概算定额、估算指标与技术经济指标的基础以及作为工程投标报价或编制企业定额的参考依据。

三、本定额适用于本市行政区域范围内的工业与民用建筑的新建、扩建、改建工程。

四、本定额是依据现行有关国家及本市强制性标准、推荐性标准、设计规范、施工验收规范、质量评定标准、产品标准和安全操作规程，并参考了有关省(市)和行业标准、定额以及典型工程设计、施工和其他资料编制的。

五、本定额是按正常施工条件、多数施工企业采用的施工方法、装备设备和合理的劳动组织及工期为基础编制的，反映了上海地区的社会平均消耗量水平。

六、本定额人工消耗量的确定

1. 本定额人工工日消耗量按现行全国建筑与装饰工程劳动定额为基础计算，内容包括基本用工、超运距用工、辅助用工以及劳动定额项目外必须增加的基本用工幅度差。

2. 本定额每工日按八小时工作制计算。

3. 机械土方、桩基、金属构件驳运及安装等工程，人工随机械台班产量计算的，人工幅度差按机械幅度差计算。

七、本定额材料消耗量的确定

1. 本定额采用的材料(包括构配件、零件、半成品及成品)均按符合国家质量标准和相应设计要求的合格产品编制。

2. 本定额中的材料包括施工中消耗的主要材料、辅助材料、周转材料和其他材料；对于用量少、低值易耗的零星材料列入其他材料费，以该项目材料费之和的百分率表示。

3. 本定额中的材料消耗量包括净用量和损耗量，损耗量包括从工地仓库、现场集中堆放地点(或现场加工地点)至操作(或安装)地点的施工场内运输损耗、施工操作损耗、施工

注：① 摘自《上海市建筑和装饰工程预算定额(SH 01-31-2016)》。

现场堆放损耗等。规范(设计文件)规定的预留量、搭接量不在损耗率中考虑。

4. 本定额中的周转性材料(钢模板、复合模板、木模板、脚手架等)按不同施工方法、不同类别、材质及摊消量编制,且已包括回库维修的消耗量。

5. 本定额中的混凝土及钢筋混凝土、砌筑砂浆、抹灰砂浆等分别按预拌混凝土与预拌干混砂浆编制,各种胶泥均按半成品编制。

6. 预拌干混砂浆强度等级配合比中的材料由干混砂浆及水组成。其中砌筑、抹灰砂浆按每立方米含干混砂浆 1 700 kg、含水 280 kg 计算;地面砂浆按每立方米含干混砂浆 1 800 kg、含水 200 kg 计算。

7. 本定额子目中的钢筋按工厂成型钢筋编制,如施工实际采用现场制作钢筋时,可按定额中的现场制作钢筋附表调整。

8. 本定额中的木(金属)门窗均按工厂成品、现场安装编制,除定额注明外,成品均包括玻璃及小五金配件等。

9. 本定额木材分类如下:

一类木材:红松、水桐木、樟子松。

二类木材:白松(云杉、冷杉)、杉木、枸木、柳木、椴木。

三类木材:青松、黄花松、秋子木、马尾松、东北榆木、柏木、苦楝木、梓木、黄菠萝、椿木、楠木、柚木、樟木。

四类木材:栎木(柞木)、檀木、色木、槐木、荔木、麻栗木(麻栎、青刚)、桦木、荷木、水曲柳、华北榆木。

10. 本定额所采用的材料、半成品、成品品种、规格型号与设计不符时,可按各章节规定调整。定额未注明材料规格、强度等级的应按设计要求选用。

11. 现浇混凝土工程的承重支模架、钢结构或空间网架结构安装使用的满堂承重架以及其他施工用承重架,满足下列条件之一的应另行计算相应费用:

(1) 搭设高度 8 m 及以上;

(2) 搭设跨度 18 m 及以上;

(3) 施工总荷载 15 kN/m 及以上;

(4) 集中线荷载 20 kN/m 及以上。

八、本定额机械台班消耗量的确定

1. 本定额中的机械是按常用机械、合理机械配备和施工企业的机械化装备程度,并结合工程实际综合确定。

2. 本定额的机械台班消耗量是按正常机械施工工效并考虑机械幅度差综合确定,零星辅助机械列入其他机械费,以该项目机械费之和的百分率表示。

3. 凡单位价值 2 000 元以下、使用年限在一年以内的不构成固定资产的施工机械,不列入机械台班消耗量,作为工具用具在建筑安装工程费中的企业管理费考虑。

九、本定额已包括材料、半成品、成品从工地仓库、现场集中堆放地点(或现场加工地点）至操作（或安装）地点的水平和垂直运输所需的人工及机械。

十、本定额的垂直运输系指单位工程在合理工期内完成全部工程项目所需的垂直运输机械台班量。

十一、本定额除注明高度的以外，均按建筑物檐高 20 m 以内编制，檐高在 20 m 以上的工程，其降效应增加的人工、机械等，另按本定额中的建筑物超高增加子目计算。

十二、本定额未包括《房屋建筑与装饰工程量计算规范》（GB 50854－2013）中的安全文明施工及其他措施项目。

十三、本定额中的工作内容已说明了主要的施工工序，次要工序虽未说明，但均已包括在内。

十四、本定额中注有“×××以内”或“×××以下”者，均已包括×××本身；“×××以外”或“×××以上”者，均不包括×××本身。

定额说明中未注明（或省略）尺寸单位的宽度、厚度、断面等，均以“mm”为单位。

十五、建筑面积计算按《建筑工程建筑面积计算规范》（GB/T 50353－2013）执行。

十六、凡本说明未尽事宜，详见各章说明和附录。

预算定额编制原则

1. 贯彻国家政策、法规的原则

预算定额的编制需要遵循国家的相关法律法规，以保证其科学性、规范性和合法性，确保其能够为各个相关领域提供有效的资源消耗和成本核算依据。

2. 社会平均水平原则

预算定额编制需遵循产品社会价值规律，以生产该产品所需的社会平均必要劳动时间为依据。生产该产品所需的社会必要劳动时间为在普通的施工要求、社会平均技术装备条件、普遍的技术熟练程度下，按照要求完成该单位产品所需的劳动时间。

3. 简明适用的原则

预算定额在满足预算适用性、有效性的基础上力求简单明了。预算定额与施工定额作用有所不同，其简明适用的原则内涵也有所差别。相比而言，施工定额比预算定额计算更为详实准确；预算定额在满足适用性要求的前提下，相比施工定额更为综合、简明，从而适应简化预算编制和建设价格计算的要求。

4. 坚持统一性和因地制宜的原则

统一性指按照全国统一市场，规范产品计价。国家归口管理部门负责制定或修订定额规范、管理定额的计价和实施，从而统一全国工程造价的计价依据，使设计考核和施工的经济性具有相同的评判尺度。并通过全国一致的定额和工程造价规范要求，对全国市场工程价格起宏观调控的效果。

因地制宜指统一性基础上的差异性考虑。为适应全国各地域环境差异大、经济发展不平衡等情况，中央各部门和各省、自治区、直辖市主管部门可以依据部门（地区）实际情况，在所管辖范围内，定制部门和地区性定额、补充性制度和相关管理办法。

5. 信息化原则

随着时代的进步，定额的形式需要更加信息化和综合化。人工数据采集已经成为过去式，更加高效、精确、全面的大数据库、平台化的数据储存、分析和表现形式必将替代人工数据采集。预算定额也需要突破传统的编制理念和方法，基于项目智慧工地大数据，以信息化技术手段进行定额编制会更加高效、精准。

拓展一　企业定额的概念和作用

1. 企业定额的概念

企业定额是指建筑安装企业根据企业自身的技术水平和管理水平，确定完成单位合格产品所需的人工、材料和施工机械台班的消耗量以及其他生产经营要素消耗的数量标准。企业定额是在一定时期内，对企业管理水平、生产技术水平和劳动生产率水平的综合反映。在工程量清单计价模式下，每个企业均应拥有反映自己企业能力的企业定额。

从一定意义上讲，企业定额是企业的商业秘密，是企业参与市场竞争的核心竞争能力的具体表现。企业定额适应了我国工程造价管理体制和管理制度的改革，是实现工程造价管理改革目标不可或缺的一个重要环节。

2. 企业定额的作用

(1) 企业定额是施工企业进行建设工程投标报价的主要依据，是形成企业个别成本的基础。根据企业定额确定的投标报价具有更大的合理性，能有效提升企业投标报价的竞争力。

(2) 企业定额的建立和运用可以提高企业的管理水平和生产力水平。

(3) 企业定额是业内推广先进技术和鼓励创新的工具。

(4) 企业定额的建立和使用可以规范发包承包行为，规范建筑市场秩序。

拓展二　清单计价和预算定额计价的不同点

1. 编制工程量的单位不同

传统的定额计价，建设工程的工程量分别由招标单位和投标单位按图计算。对于工程量清单计价，工程量由招标单位统一计算或委托有工程造价咨询资质的单位统一计算。工程量清单是招标文件的重要组成部分，各投标单位根据招标人提供的工程量清单，根据企业自身的特点自助填写报价单。

2. 编制工程量清单时间不同

传统的预算定额计价法是在发出招标文件后编制，而工程量清单计价必须在发出招标文件前编制。

3. 采用的单价方法不同

传统的预算定额计价采用工料单价法，工料单价法是指分部分项工程量的单价为直接费，间接费、利润和税金按照有关规定计算。而工程量清单计价采用综合单价法，综合单价是指完成规定计量单位项目所需的人工费、材料费、施工机械使用费、管理费、利润，并考虑风险因素，是除规费和税金的全费用单价。

4. 编制的依据不同

传统的预算定额计价，编制的依据是施工图纸；人工、材料、机械台班消耗量依据建设行政主管部门颁发的预算定额进行计算；人工、材料、机械台班单价依据工程造价管理部门发布的价格信息进行计算。而工程量清单计价法，标底的编制依据为招标文件中的工程量清单和有关要求、施工现场情况、合理的施工方法以及按建设行政主管部门制定的有关工程造价计价办法。企业的投标报价则根据企业定额和市场价格信息，或参照建设行政主管部门发布的社会平均消耗量定额编制。

5. 费用的组成不同

传统预算定额计价的工程造价由直接工程量、现场经费、间接费、利润和税金组成。而按工程量清单计价法，工程造价包括分部分项工程费、措施项目费、其他项目费、规费、税金；包括完成每项工程包含的全部工程内容的费用；包括完成每项工程内容所需的费用(规费、税金除外)；包括工程量清单中没有体现的，而施工中又必须发生的工程内容所需的费用；包括风险因素而增加的费用等。

6. 项目的划分不同

传统的预算定额计价法，项目划分按施工工序列项，采取实体和措施相结合，不能充分发挥市场竞争作用。而工程量清单计价法，项目按工程实体划分，实体和措施项目分离，加大了承包企业的竞争力度，鼓励企业充分发挥自身的优势。

7. 工程量的计算规则不同

依照传统的预算定额计价，工程量是按实物加上人为规定的预留量等因素计算的。而工程量清单计价，清单项目的工程量是按实体的净值计算。

8. 项目的编码不同

传统的预算定额项目编码是由《全国统一建筑工程基础定额》《全国统一建筑装饰装修工程消耗量定额》与各省、自治区、直辖市的有关定额组成，但都采用不同的定额子目编号。而对于工程量清单计价办法，全国实行统一编号，项目编码用十二位数字表示。一到九位为统一编码，其中，一、二位为附录顺序码，三、四位为专业工程顺序码，五、六位为分部工程顺序码，七、八、九位为分项工程项目名称顺序码，后三位为清单项目名称顺序码，由清单编制人根据清单项目的项目设置，自行编码。

9. 合同价的调整方式不同

采用传统的预算定额计价方式时，合同价调整方式通常有变更签证、定额解释、政策性调整，在工程实际中，工程结算经常有定额解释与定额补充规定和政策性文件调整。而采用工程量清单计价法时，合同价调整方式主要是工程索赔。工程量清单的综合单价，投标人一旦中标，报价作为签订工程施工承包合同的依据相对固定下来，工程结算按承包商实际完成工程量乘以工程量清单报价中的综合单价计算。工程量由于变更签证可以调整，但综合单价不能随意调整。

10. 评标采用的办法不同

采用清单计价进行评标时，评标委员会会根据投标人提交的报价进行评估，通常采用合理低价法或者综合评估法。其中，综合评估法则是在考虑报价的同时，还要考虑投标人的技术、经验、信誉等因素，综合评估后确定中标人。采用预算定额计价进行评标时，评标委员会通常会采用百分制评分法进行评估。这种方法是根据投标人的报价、质量、工期、施工组织设计等因素进行评分，将各项因素按照一定的权重进行评分，最终总得分最高者中标。

11. 索赔事件增加

在清单计价模式下，由于招标人提供了工程量清单，投标人需要自行评估风险和不确定性，并按照工程量清单进行报价。因此，在施工过程中，如果出现了工程量清单中未列出的额外工作或工程变更，投标人需要承担相应的风险，并自行与招标人协商解决索赔问题。在这种情况下，索赔的数量和难度可能会相对较高。而在预算定额计价模式下，由于工程造价是由国家或地区行政主管部门规定的，施工过程中发生的额外工作或工程变更，通常会有相应的规定和程序来解决索赔问题。

1.3 工程量概述

1.3.1 工程量概念

任务布置

知道项目工程量计算的基本原理和方法。

目标要求

(1) 能写出建筑中分部分项工程和构配件有哪些。

(2) 会分析物理计量单位和自然计量单位。

1.3.1.1 工程量的含义

工程量是指以物理计量单位或自然计量单位分别表示建筑安装工程各个分部分项工程或构配件的实物数量。

(1) 请写出建筑分部分项工程名称，例如“砖砌外墙”(3个以上)。

(2) 请写出建筑构配件名称,例如"构件:木门;配件:门拉手"(3个以上)。

(3) 请写出物理计量单位,例如"长度单位:m"(3个以上)。

(4) 请写出自然计量单位,例如"门锁单位:把"(3个以上)。

1.3.1.2　工程量计算的原则

(1) 必须严格按图示尺寸计算,不能人为扩大或缩小图示尺寸。

(2) 计量单位与定额单位统一。

(3) 计算结果保留两位小数,对于贵重材料保留三位小数。

(4) 避免出现重复和遗漏现象。

1.3.2　工程量计量注意事项

任务布置

(1) 认识工程量计算的两种顺序,懂得用施工顺序算量的合理性。

(2) 会运用施工顺序进行项目算量。

目标要求

(1) 会根据施工顺序写出墙体算量的过程。

(2) 会根据施工顺序写出构配件算量的顺序。

1.3.2.1　工程量计算顺序

1. 施工顺序

施工顺序是按照施工工艺流程,以施工先后顺序,列出项目名称,进行项目算量的过程。例如:基础施工过程的组成内容包括挖土、垫层、混凝土基础、柱、基础回填土、运土等施工过程。

2. 定额顺序

定额顺序是根据现行计价定额项目排列先后顺序,列出项目名称,进行项目算量的过程。

【例1】 如图1-3-1所示,挖基坑土方工程定额顺序及施工顺序如下。

定额顺序:挖基坑土方→回填土→运土→垫层→混凝土基础→柱

图1-3-1　挖基坑土方示意图

施工顺序：挖基坑土方→垫层→混凝土基础→柱→回填土→运土

根据算量需要，没有完成基础、垫层等项目算量的情况下，很难进行回填土和运土项目算量，故施工顺序较定额顺序合理。

1.3.2.2 施工顺序应用方法

1. 按顺时针方向计算

从平面图左上角开始，按顺时针方向逐步计算，绕一周回到左上角。适用于：外墙、外墙基础等。

2. 先横后竖，先上后下，先左后右

按平面图上横竖方向分别从上到下或从左到右逐步计算。适用于：内墙、内墙基础和各种间隔墙。

【例2】 如图1-3-2所示，分别写出外墙、内墙构建计算顺序。

外墙计算顺序：

D①～⑥→⑥D～A→A⑥～①→①A～D

内墙计算顺序：

横向：C①～⑥→B①～⑥

纵向：②D～C→②B～A→③D～C→③B～A→④D～C→④B～A→⑤C～B

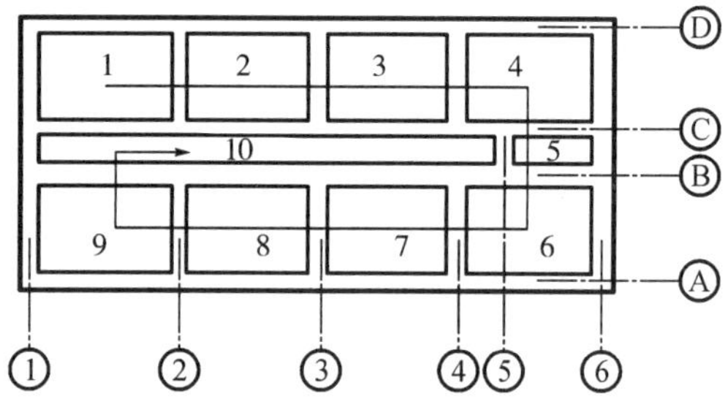

图1-3-2 施工顺序示意图

3. 按图纸上的构配件编号分类依次计算

此法按照各类不同的构配件的自身编号分别依次计算，如柱基、柱、梁、板、门窗和金属构件等。柱、梁计算顺序：Z_1、Z_2、…；L_1、L_2、… 如图1-3-3所示。

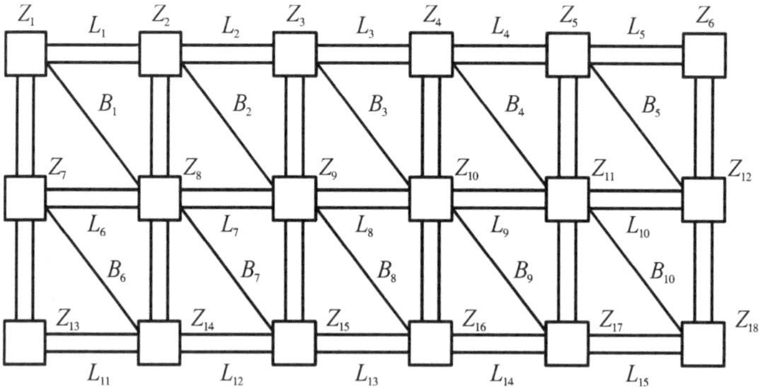

图1-3-3 简易框架结构示意图

1.3.3　统筹法计算工程量基本原理

任务布置

(1) 认识统筹法算量的基本原理。

(2) 运用统筹法解决算量过程中的难点。

目标要求

(1) 能分析统筹法的原理。

(2) 会结合项目内容综合应用三线一面数据。

1.3.3.1　快速计算法

1. 统筹法的概念

统筹就是统一筹划的意思。统筹法是一种用于工程算量的科学管理方法，即建筑工程是由很多分项工程组成的，各分项工程之间又有相互联系、相互制约的关系，通过统筹兼顾、适当安排，从中找出计算规律的科学计量方法。

2. 统筹法算量原理

(1) 统筹程序，合理安排。如某工程地面有垫层、找平层、面层三道工序，其施工顺序和统筹学的顺序如下：

施工顺序		统筹学的顺序
垫层体积＝长×宽×垫层厚(m^3)	→	面层面积＝长×宽(m^2)
找平层面积＝长×宽(m^2)		找平层面积＝面层面积(m^2)
面层面积＝长×宽(m^2)		垫层体积＝面层面积×厚(m^3)

(2) 利用基数，连续计算。以线、面为基数，利用连乘或加减，算出与它有关的分项项目工程量。

例如，三线一面法：外墙外边线、外墙中心线、内墙净长线、底层建筑面积。

① 外墙外边线：建筑物外墙外围周长。

② 外墙中心线：外墙中心线长度(外墙外边线长＝外墙中心线长＋4×墙厚)。

③ 内墙净长线：内墙净长度。

④ 底层建筑面积：底层外墙外围水平投影面积。

还需考虑外墙外边线用于项目算量、外墙中心线用于项目算量、内墙净长线用于项目算量、底层建筑面积用于项目算量。

(3) 一次计算，多次使用。根据工程的积累，把常用的计算数据记录成册，以列表形式保存，以便以后直接查看。如：砖基础大放脚折算高度及面积表、砖砌墙体计算厚度表、钢筋理论重量参考表。

(4) 结合实际，灵活机动。

① 补减计算法。楼地面工程各层卫生间地面均为水磨石地面，其余为水泥砂浆面层，则可先将整层楼面均按水泥砂浆面积计算，再减去水磨石地面面积。

② 补加计算法。砖基础工程量计算高度至室内地坪，在计算回填土时应扣除至室外地坪，如将砖基础全部扣除，则将室外地坪至室内地坪砖基础补加回来。

③ 分段计算。条基因埋深和断面尺寸不同，应按不同剖面分段计算工程量。

④ 分层计算。各楼层中建筑面积、不同截面柱、不同墙厚的墙体、不同布置砼等级梁应分层计算工程量。

⑤ 按顺时针顺序计算。以图纸左上角为起点，按顺时针方向依次进行计算，当按计算顺序绕图一周后又重新回到起点。这种方法一般用于各种带形基础、墙体、现浇及预制构件计算，其特点是能有效防止漏算和重复计算。

⑥ 按编号顺序计算。结构图中包括不同种类、不同型号的构件，而且分布在不同的部位，为了便于计算和复核，需要按构件编号顺序统计数量，然后进行计算。

⑦ 按轴线编号计算。对于结构比较复杂的工程量，为了方便计算和复核，有些分项工程可按施工图轴线编号的方法计算。例如，在同一平面中，带型基础的长度和宽度不一致时，可按Ⓐ轴①～③轴，Ⓑ轴③、⑤、⑦轴这样的顺序计算。

⑧ 分区域计算。大型工程项目平面设计比较复杂时，可在伸缩缝或沉降缝处将平面图划分成几个区域分别计算工程量，然后再将各区域相同特征的项目合并计算。

1.3.3.2 计算要求

1. 准确性

计算工程量时，按施工图列出的分项工程必须与预算定额中相应的分项工程一致。例如，水磨石楼地面分项工程，预算定额中包含水泥白石子浆面层、素水泥浆及分带嵌条与不带嵌条，但不包含水泥砂浆结合层，计算分项工程量时就应列面层及结合层二项。又如，水磨石楼梯面层，预算定额中已包含水泥砂浆结合层，则计算时就不应再另列项目。因此，在计算工程量时，除了熟悉施工图纸及工程量计算规则外，还应掌握预算定额中每个分项工程的工作内容和范围，避免重复列项或漏项。

2. 规则性

计算工程量采用的计算规则，必须与本地区现行的预算定额计算规则相一致。

3. 计量单位

计算工程量时，所列出的各分项工程的计量单位，必须与所使用的预算定额中相应项目的计量单位相一致。以楼地面层为例，《全国统一建筑装饰工程定额》以面积计，在计算工程量时，一定要与所用定额一致，以免发生差错。

4. 精度规范

工程量的计算结果，除钢材、木材取三位小数外，其余一般取小数点后两位。

5. 计算工程量的方法

为了便于计算和审核工程量，防止遗漏或重复计算，根据工程项目的不同性质，要按相应的顺序进行计算。

(1) 按顺时针方向计算。从平面图左上角开始,按顺时针方向逐步计算,绕一周回到左上角。适用范围：楼地面、天棚、室内装修等。

(2) 按图纸上的构配件编号分类依次计算。此法按照各类不同的构配件的自身编号分别依次计算,如门窗和金属构件等。

另外,在计算工程量过程中,要运用统筹法原理,对每个分项工程的工程量进行分析,然后依据计算过程的内在联系,按先主后次,统筹安排计算程序,从而简化烦琐的计算。

第 2 单元

建筑面积基础知识和计算

单元目标

建筑面积是以平方米为单位反映房屋建筑建设规模的实物量指标。它是建设工程领域一个重要的技术经济指标，也是国家宏观调控的重要指标之一。

2.1 建筑面积基础知识

任务布置

根据建筑面积的概念和建筑面积组成的定义，在图 2-1-1 中区分使用面积、辅助面积、结构面积。

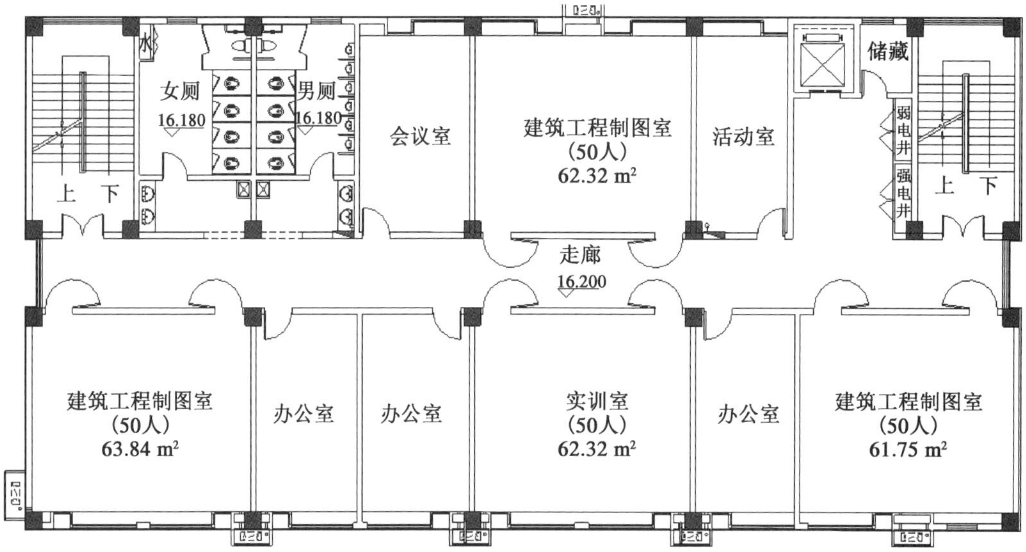

图 2-1-1　某学校综合楼四层平面图

2.1.1 建筑面积

建筑面积是指建筑物(包括墙体)所形成的楼地面面积，包括附属于建筑物的室外阳台、雨篷、檐廊、室外走廊、室外楼梯等的面积。

2.1.2　建筑面积的组成

建筑面积由使用面积、辅助面积和结构面积组成。

(1) 使用面积,指建筑物各层平面中为生产或生活活动所占的净面积总和。在民用建筑中,居室净面积称为使用面积,如图 2-1-2 所示。

图 2-1-2　使用面积示意图

(2) 辅助面积,指建筑物各层平面中辅助生产或生活活动所占的净面积总和,如走道、楼梯、厨房、卫生等,如图 2-1-3 所示。

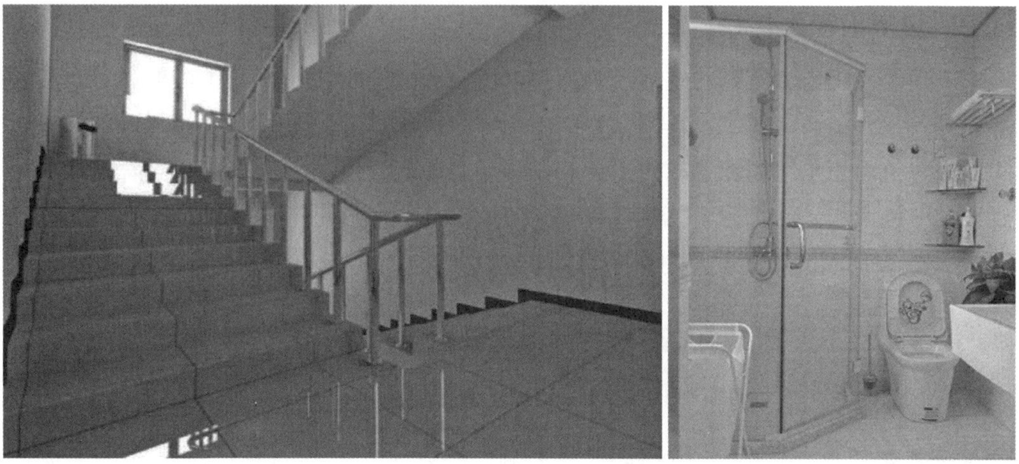

图 2-1-3　辅助面积示意图

(3) 结构面积,指建筑物各层平面布置中的墙体、柱等结构所占的面积总和,如图 2-1-4 所示。

图 2-1-4　结构面积示意图

其中，使用面积与辅助面积之和又称为有效面积，三者关系如图 2-1-5 所示。

建筑面积 { 使用面积、辅助面积 } 有效面积；结构面积 }

图 2-1-5　三者的关系

2.1.3　建筑面积的作用

（1）建筑面积作为重要的技术经济指标，能反映一定时期内基本建设及固定资产投资规模。

（2）建筑面积是编制和考核固定资产投资计划的重要依据。

（3）建筑面积是计算分项项目工程量的依据。

建筑面积是一个非常重要的指标，这里给大家链接了一个关于建筑面积的相关文件。

商品房销售管理办法建设部令 88 号（节选）

颁布时间：2001-4-4　发文单位：建设部

第十八条　商品房销售可以按套（单元）计价，也可以按套内建筑面积或者建筑面积计价。

商品房建筑面积由套内建筑面积和分摊的共有建筑面积组成，套内建筑面积部分为独立产权，分摊的共有建筑面积部分为共有产权，买受人按照法律、法规的规定对其享有权利，承担责任。

按套(单元)计价或者按套内建筑面积计价的，商品房买卖合同中应当注明建筑面积和分摊的共有建筑面积。

第十九条 按套(单元)计价的现售房屋，当事人对现售房屋实地勘察后可以在合同中直接约定总价款。

按套(单元)计价的预售房屋，房地产开发企业应当在合同中附所售房屋的平面图。平面图应当标明详细尺寸，并约定误差范围。房屋交付时，套型与设计图纸一致，相关尺寸也在约定的误差范围内，维持总价款不变；套型与设计图纸不一致或者相关尺寸超出约定的误差范围，合同中未约定处理方式的，买受人可以退房或者与房地产开发企业重新约定总价款。买受人退房的，由房地产开发企业承担违约责任。

第二十条 按套内建筑面积或者建筑面积计价的，当事人应当在合同中载明合同约定面积与产权登记面积发生误差的处理方式。

合同未作约定的，按以下原则处理：

(一) 面积误差比绝对值在 3%以内(含 3%)的，据实结算房价款。

(二) 面积误差比绝对值超出 3%时，买受人有权退房。买受人退房的，房地产开发企业应当在买受人提出退房之日起 30 日内将买受人已付房价款退还给买受人，同时支付已付房价款利息。买受人不退房的，产权登记面积大于合同约定面积时，面积误差比在 3%以内(含 3%)部分的房价款由买受人补足；超出 3%部分的房价款由房地产开发企业承担，产权归买受人。产权登记面积小于合同约定面积时，面积误差比绝对值在 3%以内(含 3%)部分的房价款由房地产开发企业返还买受人；绝对值超出 3%部分的房价款由房地产开发企业双倍返还买受人。

$$\text{面积误差比}=\frac{\text{产权登记面积}-\text{合同约定面积}}{\text{合同约定面积}}\times 100\%$$

2.1.4 课堂活动

根据建筑面积的概念和建筑面积组成的定义，用不同颜色的笔，在下面图 2-1-6 中区分出使用面积(红笔)、辅助面积(蓝笔)和结构面积(黑笔)。

根据使用面积、辅助面积、结构面积的定义区分如图 2-1-7 所示。

请完成任务布置的内容，然后根据老师的答案进行自我评价，填写表 2-1-1。

表 2-1-1 自我评价表

完成情况	使用面积(6 分)	辅助面积(2 分)	结构面积(2 分)	总分(10 分)
	建筑工程制图室(2 个)、办公室(2 个)、实训室、会议室	楼梯间、男女厕所、走廊	墙体、柱子	
评分				

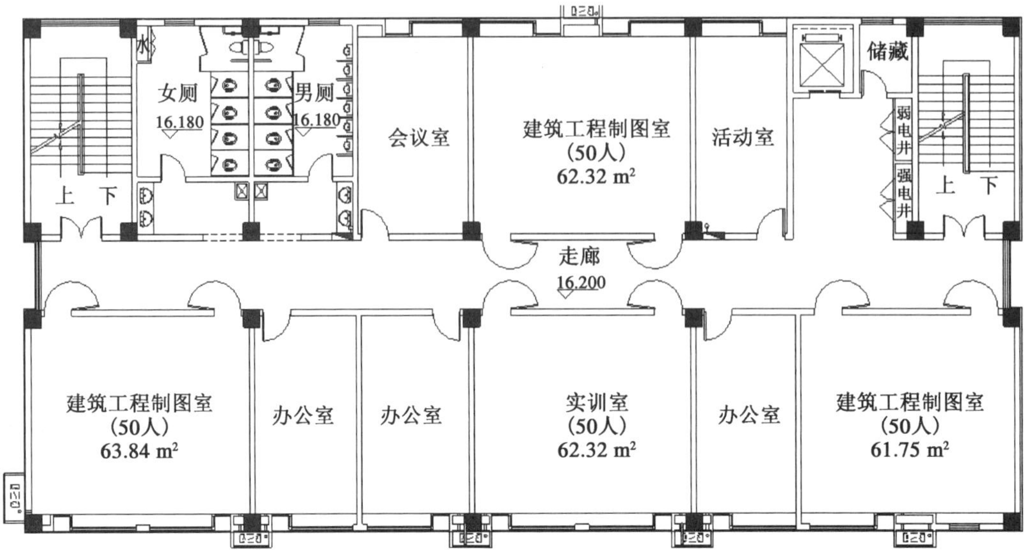

图 2-1-6　某学校综合楼四层平面图

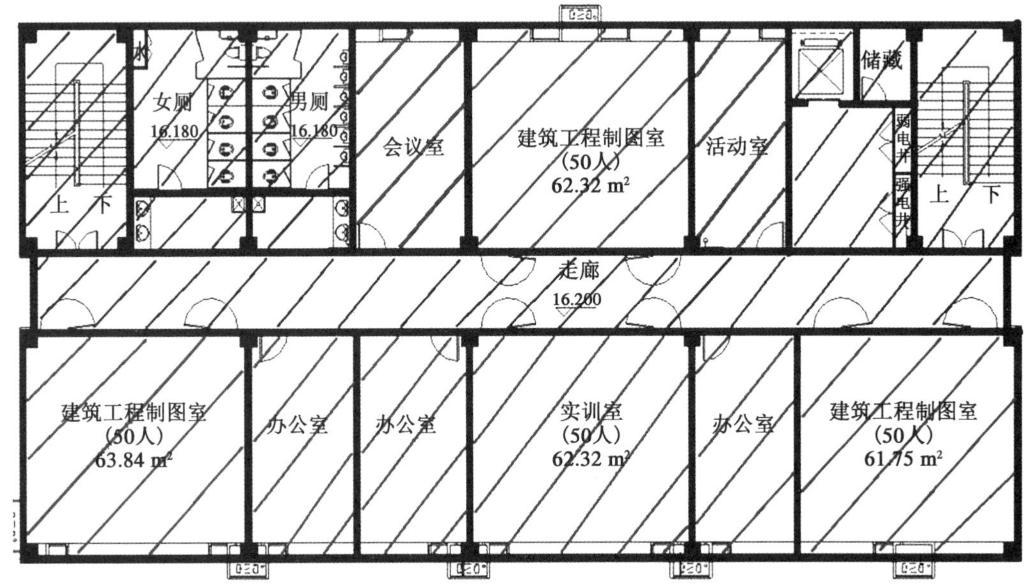

图 2-1-7　某学校综合楼四层平面图(已区分)

知识拓展

同学们,你有看到过你们家的房产证吗?你有计算过自己居住房屋的套内面积吗?通过本堂课的学习,你有没有兴趣拿起尺和笔来算一算呢?

2.2　建筑主体结构建筑面积计算

目标要求

能正确理解建筑物建筑面积计算规则，会运用建筑面积计算规则，能正确计算建筑物建筑面积；能辨识不应计算建筑面积的内容，并在计算时注意规则中的细节问题。

任务布置

根据第 4 单元“综合训练图纸(一)”中施工说明、建筑、结构等图纸，计算综合楼二层建筑面积，外墙保温材料采用 35 mm 厚岩棉板。

2.2.1　基本概念

1. 建筑空间

建筑空间是以建筑界面限定的、供人们生活和活动的场所。具备可出入、可利用条件(设计中可能标明了用途，也可能没有标明用途或用途不明确)的围合空间，均属于建筑空间。

2. 主体结构

主体结构是接受、承担和传递建设工程所有上部荷载，维持上部结构整体性、稳定性和安全性的有机联系的构造。

3. 自然层

自然层是按楼地面结构分层的楼层。

4. 结构层高

结构层高是楼面或地面结构层上表面至上部结构层上表面之间的垂直距离。

5. 结构净高

结构净高是楼面或地面结构层上表面至上部结构层下表面之间的垂直距离。

6. 建筑面积

建筑面积指建筑物(包括墙体)所形成的楼地面面积，建筑面积包括附属于建筑物的室外阳台、雨篷、檐廊、室外走廊以及室外楼梯等。

7. 变形缝

变形缝是防止建筑物在某些因素作用下引起开裂甚至破坏而预留的构造缝，它在建筑物因温差、不均匀沉降以及地震而可能引起结构破坏变形的敏感部位或其他必要的部位，预先设缝将建筑物断开，令断开后建筑物的各部分成为独立的单元，或者是划分为简单、规则的段，并令各段之间的缝达到一定的宽度，以能够适应变形的需要。根据外界破坏因素的不同，变形缝一般分为伸缩缝、沉降缝、抗震缝三种。

8. 勒脚

勒脚是在房屋外墙接近地面部位设置的饰面保护构造。

2.2.2 计算规则

1. 建筑面积

计算建筑面积时，在主体结构内形成的建筑空间，满足计算面积结构层高要求的均应按《建筑工程建筑面积计算规范》(GB/T 50353-2013)相关规定计算建筑面积。主体结构外的室外阳台、雨篷、檐廊、室外走廊和室外楼梯等按相应条款计算建筑面积。当外墙结构本身在一个层高范围内不等厚时，以楼地面结构标高处的外围水平面积计算。

2. 保温、隔热层建筑面积计算

(1) 建筑物的外墙外保温层，应按其保温材料的水平截面积计算，并计入自然层建筑面积。外墙外保温以沿高度方向满铺为准，某层外墙外保温铺设高度未达到全部高度时(不包括阳台、室外走廊、门斗、落地橱窗、雨篷和飘窗等)，不计算建筑面积。建筑外墙外保温结构见图 2-2-1。

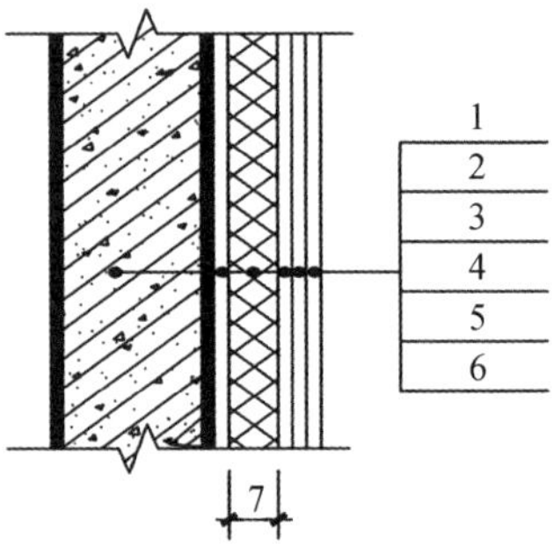

1—墙体；2—黏结胶浆；3—保温材料；4—标准网；5—加强网；6—抹面胶浆；7—计算建筑面积部位

图 2-2-1 建筑外墙外保温

(2) 建筑物外墙外侧有保温隔热层的，保温隔热层以保温材料的净厚度乘以外墙结构外边线长度按建筑物的自然层计算建筑面积，其外墙外边线长度不扣除门窗和建筑物外已计算建筑面积构件(如阳台、室外走廊、门斗和落地橱窗等部件)所占长度。

(3) 当建筑物外已计算建筑面积的构件(如阳台、室外走廊、门斗和落地橱窗等部件)有保温隔热层时，其保温隔热层也不再计算建筑面积。外墙是斜面则按楼面楼板处的外墙外边线长度乘以保温材料的净厚度计算。

(4) 保温隔热层的建筑面积以保温隔热材料的厚度来计算，不包含抹灰层、防潮层和保护层(墙)的厚度。

3. 变形缝建筑面积计算

与室内相通的变形缝，应按其自然层合并在建筑物建筑面积内计算。对于高低联跨的建筑物，当高低跨内部连通时，其变形缝应计算在低跨面积内。高低联跨建筑物见图 2-2-2。

2.2.3 不应计算建筑面积的项目

(1) 与建筑物内不相连通的建筑部件，如依附于建筑物外墙外不与户室开门连通，起装饰作用的敞开式挑台(廊)、平台，以及不与阳台相通的空调室外机搁板(箱)等设备平台部件。

(2) 勒脚、附墙柱(非结构性装饰柱)、垛、台阶、墙面抹灰、装饰面、镶贴块料面层、装饰性幕墙，主体结构外的空调室外机搁板(箱)、构件、配件，挑出宽度在 2.10 m 以下的无柱雨篷和顶盖高度达到或超过两个楼层的无柱雨篷。

图 2-2-2　高低联跨建筑物

(3) 骑楼、过街楼底层的开放公共空间和建筑物通道。

(4) 舞台及后台悬挂幕布和布景的天桥、挑台等，例如影剧院的舞台及为舞台服务的可供上人维修、悬挂幕布、布置灯光及布景等搭设的天桥和挑台等构件设施。

(5) 露台、露天游泳池、花架、屋顶的水箱及装饰性结构构件。

(6) 建筑物内的操作平台、上料平台、安装箱和罐体的平台，即建筑物内不构成结构层的操作平台、上料平台(包括工业厂房、搅拌站和料仓等建筑中的设备操作控制平台、上料平台等)，其主要作用为室内构筑物或设备服务的独立上人设施，因此不计算建筑面积。

(7) 窗台与室内地面高差在 0.45 m 以下且结构净高在 2.10 m 以下的凸(飘)窗，窗台与室内地面高差在 0.45 m 及以上的凸(飘)窗；室外爬梯、室外专用消防钢楼梯。室外钢楼梯需要区分具体用途，如专用于消防楼梯，则不计算建筑面积；如果是建筑物唯一通道，兼用于消防，则需要按室外楼梯计算建筑面积。

(8) 无围护结构的观光电梯。

(9) 建筑物以外的地下人防通道，独立的烟囱、烟道、地沟、油(水)罐、气柜、水塔、贮油(水)池、贮仓以及栈桥等构筑物。

2.2.4　课堂活动

(1) 根据教材综合训练图(一)计算建筑物首层建筑面积。注：外墙保温材料采用 35 mm 厚岩棉板。

(2) 查阅本教材的综合训练图(一)，根据图纸以及建筑面积计算方法，填写表 2-2-1。

表 2-2-1　工程量计算书

项目名称	工程量计算式	计算结果

请完成任务布置的内容，然后根据老师的答案进行自我评价，填写表 2-2-2。

表 2-2-2　自我评价表

完成情况	主体结构首层建筑面积(5 分)	保温层建筑面积(5 分)	总分(10 分)

注：建筑面积以标准答案±1%以内为满分，每增加误差 1%扣 1 分，扣完为止。

1. “三线”的概念

“三线”是指外墙中心线、内墙净长线及外墙外边线。

2. “三线”的计算

(1) 外墙外边线($L_{外}$)：是指建筑物外墙边线的长度之和，适用于平整场地、散水、墙脚明沟(暗沟)、外墙脚手架的计算。

(2) 外墙中心线($L_{中}$)：是指围绕建筑物的外墙中心线长度之和，适用于外墙基槽、外墙基础垫层、外墙基础、外墙体积、外墙圈梁、外墙基防潮层的计算。

$$L_{中} = L_{外} - 墙厚 \times 4$$

(3) 内墙净长线 ($L_{内}$)：是指建筑物内隔墙的长度之和，适用于内墙基槽、内墙基础垫层、内墙基础、内墙体积、内墙圈梁和内墙基防潮层的计算。计算 $L_{内}$ 时，需按照楼层、墙厚、材质的不同分别计算，如首层实心砖墙 $L_{内}$(240)、二层小型砌块(120)等。

第 3 单元

分部分项工程定额计量

3.1 楼地面工程定额计量

目标要求

通过本模块的学习，学生需熟练掌握《上海市建筑和装饰工程预算定额(SH 01-31-2016)》中楼地面装饰工程的定额子目设置方法和工程量计算方法；能结合装饰工程施工图及施工要求，列出相应楼地面工程分项项目名称并计算工程量。

3.1.1 整体面层及找平层项目计量

任务布置

根据工程平面图及施工说明，完成整体面层及找平层定额子目的设置，并计算整体面层及找平层工程量。

知识准备

你知道吗？

◎ 楼地面面层装饰有哪些类型？

◎ 楼地面整体面层定额子目有哪些？

◎ 楼地面找平层的定额子目有哪些？

楼地面面层的装饰定额分四类：整体面层、块料面层、橡塑面层和其他材料面层。

1. 整体面层及找平层的常用项目

楼地面整体面层及找平层项目设置应参照《上海市建筑和装饰工程预算定额(SH 01-31-2016)》，如表 3-1-1 所示。

表 3-1-1 整体面层及找平层的常用项目

定额编号	项目名称	计量单位
01-11-1-1	干混砂浆楼地面	m^2
01-11-1-2	剁假石楼地面	m^2

（续表）

定额编号	项目名称	计量单位
01-11-1-3	水磨石楼地面 15 mm 厚	m^2
01-11-1-4	水磨石楼地面 每增减 1 mm	m^2
01-11-1-5	水磨石楼地面(分色) 15 mm 厚	m^2
01-11-1-6	水磨石楼地面(分色) 每增减 1 mm	m^2
01-11-1-7	预拌细石混凝土(泵送)楼地面 40 mm 厚	m^2
01-11-1-8	预拌细石混凝土(泵送)楼地面 每增减 10 mm	m^2
01-11-1-9	混凝土面层加浆随捣随光	m^2
01-11-1-10	水泥基自流平砂浆面层 4 mm 厚	m^2
01-11-1-11	水泥基自流平砂浆面层 每增减 1 mm	m^2
01-11-1-12	环氧自流平涂层 1 mm 厚	m^2
01-11-1-13	环氧自流平涂层 每增减 0.5 mm	m^2
01-11-1-14	干混砂浆找平层 填充保温材料上 20 mm 厚	m^2
01-11-1-15	干混砂浆找平层 混凝土及硬基层上 20 mm 厚	m^2
01-11-1-16	干混砂浆找平层 每增减 5 mm	m^2
01-11-1-17	预拌细石混凝土(泵送)找平层 30 mm 厚	m^2
01-11-1-18	预拌细石混凝土(泵送)找平层 每增减 5 mm	m^2
01-11-1-19	楼地面刷素水泥浆	m^2

注：
(1)“整体面层”项目是属于一次性连续铺筑而成的面层。
(2)“找平层”项目是原结构面因存在高低不平或坡度而进行找平铺设的基层。
(3)“素水泥浆”是一种除水泥和水外，不加其他任何材料的水泥浆，一般用于结合层。

2. 定额说明

(1) 整体面层及找平层定额子目中均不包括刷素水泥浆。如果施工时需要刷素水泥浆，则单独列项计算。

(2) 水磨石整体面层定额子目中不包括找平层。如果施工时先做找平层再做水磨石面层，需要列找平层和水磨石面层两个项目。如果施工时先做找平层再做其他整体面层，则只需要列整体面层一个项目，该项目已经包含找平层。

(3) 整体面层定额子目中均未包括踢脚线，踢脚线另外计算。

(4) 细石混凝土找平层及面层定额子目，如采用非泵送混凝土时，按相应泵送定额子目的人工乘以系数 1.1，机械乘以系数 1.05，如表 3-1-2 所示。

表 3-1-2　预拌细石混凝土找平层消耗量计算

项目		单位	预拌细石混凝土(泵送)找平层 300 mm 厚	预拌细石混凝土(非泵送)找平层
人工	一般抹灰工	工日	0.034 2	0.034 2×1.1=0.037 6
	其他工	工日	0.001 7	0.001 7×1.1=0.001 9
	人工工日	工日	0.036 0	0.039 5
材料	预拌混凝土(泵送型)	3	0.030 3	0.030 3
	水	3	0.022 0	0.022 0
机械	混凝土振捣器	台班	0.006 3	0.006 3×1.05=0.006 6

(5) 细石混凝土找平层厚度大于 60 mm 的,按《上海市建筑和装饰工程预算定额(SH 01-31-2016)》"第五章　混凝土及钢筋混凝土工程"中的垫层子目执行。

(6) 水磨石面层定额子目未含分格嵌条,按"水磨石金属嵌条"子目执行。

3. 工程量计算规则

整体面层及找平层按设计图示尺寸以面积计算。扣除凸出地面的构筑物、设备基础、地沟等所占面积,不扣除间壁墙及小于或等于 0.3 m^2 柱、垛及孔洞所占面积。门洞、空圈、暖气包槽、壁龛等开口部分不增加面积。特别注意,按设计图示尺寸以面积计算即为按室内净面积计算。

举例说明

训练一:

图 3-1-1 为某建筑物底层平面图,该工程地面装饰面层为干混砂浆面层,已知墙体厚度 240 mm,请计算该地面面层项目的工程量并编制项目预算书。

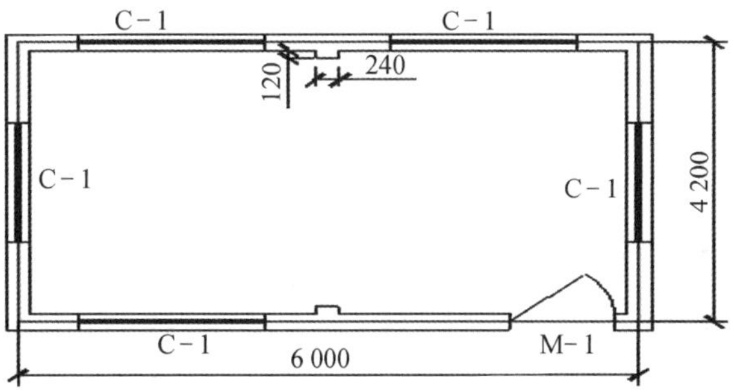

图 3-1-1　某建筑物底层平面图

【解】

1. 工程列项

根据《上海市建筑和装饰工程预算定额(SH 01-31-2016)》"第十一章　楼地面装饰工

程”进行列项。本工程列项见表 3-1-3。

2. 工程量计算

本工程按室内净面积计算，不扣除小于等于 0.3 m^2 垛所占面积，门洞 M-1 开口部分不增加。

楼地面干混砂浆面层：

房间净长＝6－0.24＝5.76 m

房间净宽＝4.2－0.24＝3.96 m

房间净面积＝5.76×3.96＝22.81 m^2

工程量＝22.81 m^2

3. 编制预算书

根据预算书格式，编列该项目工程预算书，见表 3-1-3。

表 3-1-3　楼地面分部分项工程预算书

序号	定额编号	项目名称	计量单位	工程数量
1	01-11-1-1	干混砂浆楼地面	m^2	22.81

训练二：

某商店平面如图 3-1-2 所示，地面做法：C30 预拌细石混凝土（泵送）找平层 60 mm 厚，1∶2.5 白水泥石子水磨石面层 20 mm 厚，酸洗打蜡，15 mm×2 mm 铜条分隔，距墙柱边 300 mm 范围内按纵横 1 m 宽分格。试计算该工程整体面层及找平层项目的工程量并编制项目预算书（已知：框架柱截面尺寸 400 mm×500 mm，M1 为 900 mm×2 400 mm，M2 为 1 800 mm×2 700 mm）。

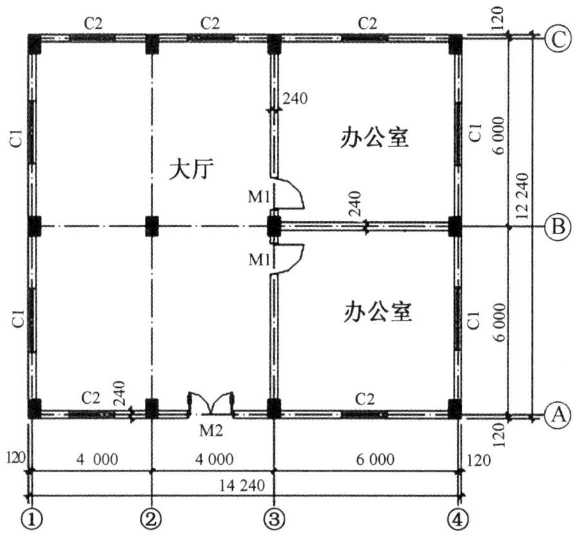

图 3-1-2　底层平面图

【解】

1. 工程列项

根据《上海市建筑和装饰工程预算定额(SH 01-31—2016)》“第十一章　楼地面装饰工程”进行列项。本工程列项见表 3-1-4。

2. 工程量计算

本工程按室内净面积计算，不扣除≤0.3 m^2 柱所占面积，门洞 M0921、M2121 开口部分不增加。

(1) 预拌细石混凝土(泵送)找平层：

办公室净面积=(6−0.24)×(6−0.24)×2=66.36 m^2

大厅净面积=(8−0.24)×(12−0.24)=91.26 m^2

工程量=66.36+91.26=157.62 m^2

(2) 20 mm 厚 1∶2.5 白水泥石子水磨石面层：

水磨石面层计算方法与找平层相同，即工程量=157.62 m^2

注：水磨石金属嵌条按设计图示尺寸以长度计算。

(3) 水磨石铜嵌条：

办公室水平方向净长=6−0.24−0.3×2=5.16 m

办公室垂直方向净宽=6−0.24−0.3×2=5.16 m

嵌条分隔间距为 1 m，因此水平方向设置 6 根，垂直方向设置 6 根

大厅水平方向净长=8−0.24=7.76 m

大厅垂直方向净宽=12−0.24=11.76 m

嵌条分隔间距为 1 m，因此水平方向设置 7 根，垂直方向设置 11 根，扣除与柱交接部分长度

工程量=(5.16×6+5.16×6)×2+7.76×11+11.76×7−0.4−0.5=281.98 m

3. 编制预算书

根据预算书格式，编列该项目工程预算书，见表 3-1-4。

表 3-1-4　楼地面分部分项工程预算书

序号	定额编号	项目名称	计量单位	工程数量
1	01-11-1-17 换	预拌细石混凝土(泵送)找平层 60 mm 厚	m^2	157.62
2	01-11-1-3 换	水磨石楼地面 20 mm 厚	m^2	157.62
3	01-11-9-1	水磨石金属嵌条	m	281.98

技能训练

如图 3-1-3 所示某建筑物一层平面图与二层平面图，结合《上海市建筑和装饰工程预算定额(SH 01-31-2016)》，计算该工程整体面层及找平层项目的工程量并编制项目预算书，填写表 3-1-5 和表 3-1-6。

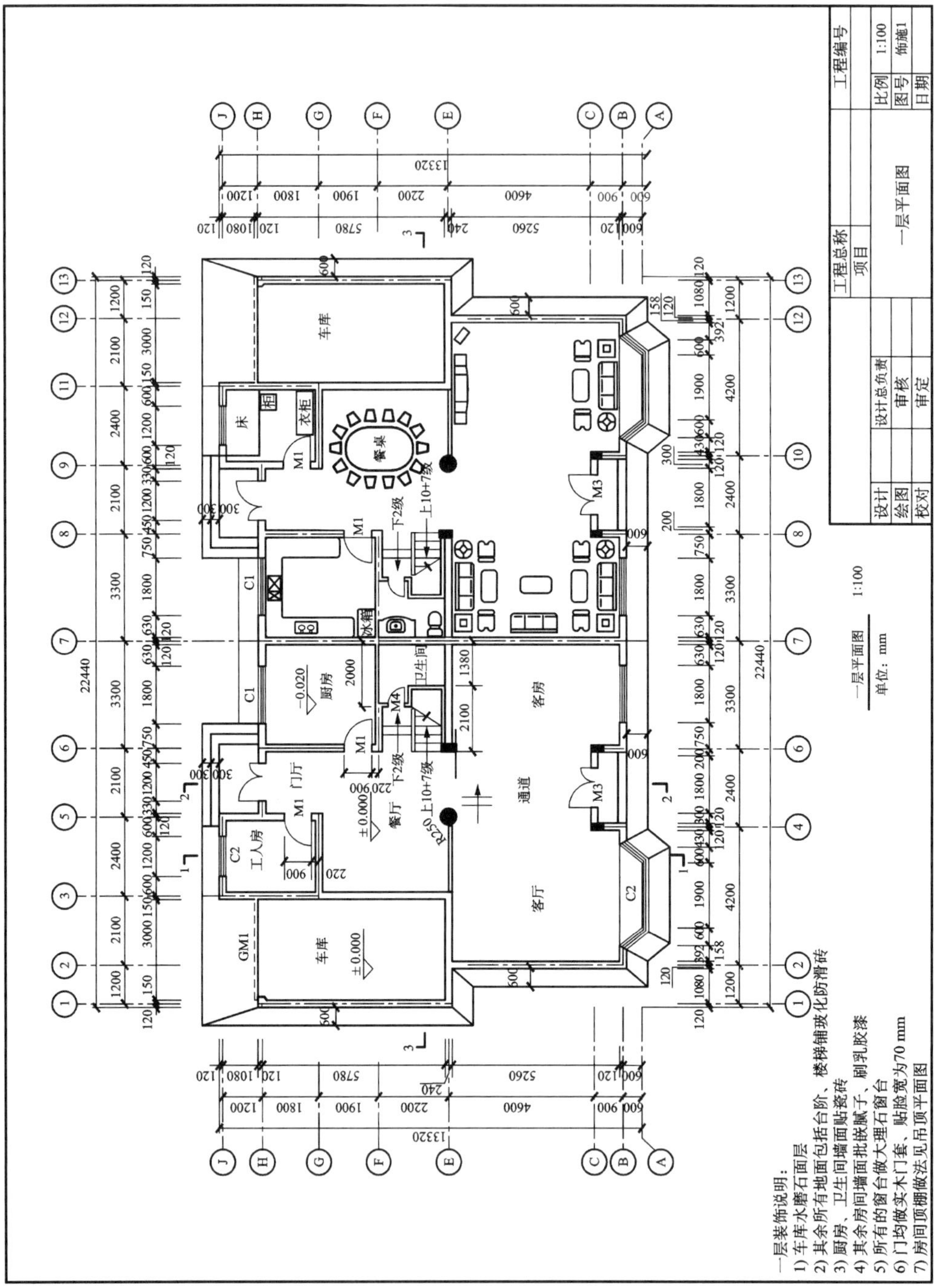
一层装饰说明：
1) 车库水磨石面层
2) 其余所有地面包括台阶、楼梯铺玻化防滑砖
3) 厨房、卫生间墙面贴瓷砖
4) 其余房间墙面批嵌腻子、刷乳胶漆
5) 所有的窗台做大理石窗台
6) 门均做实木门套，贴脸宽为70 mm
7) 房间顶棚做法见吊顶平面图
一层平面图 1:100
单位：mm
车库
客厅
通道
厨房
餐厅
门厅
工人房
卫生间
餐桌
床
衣柜
冰箱
工程总称
项目
一层平面图
工程编号
设计总负责
审核
审定
设计
绘图
校对
比例 1:100
图号 饰施1
日期

(a)

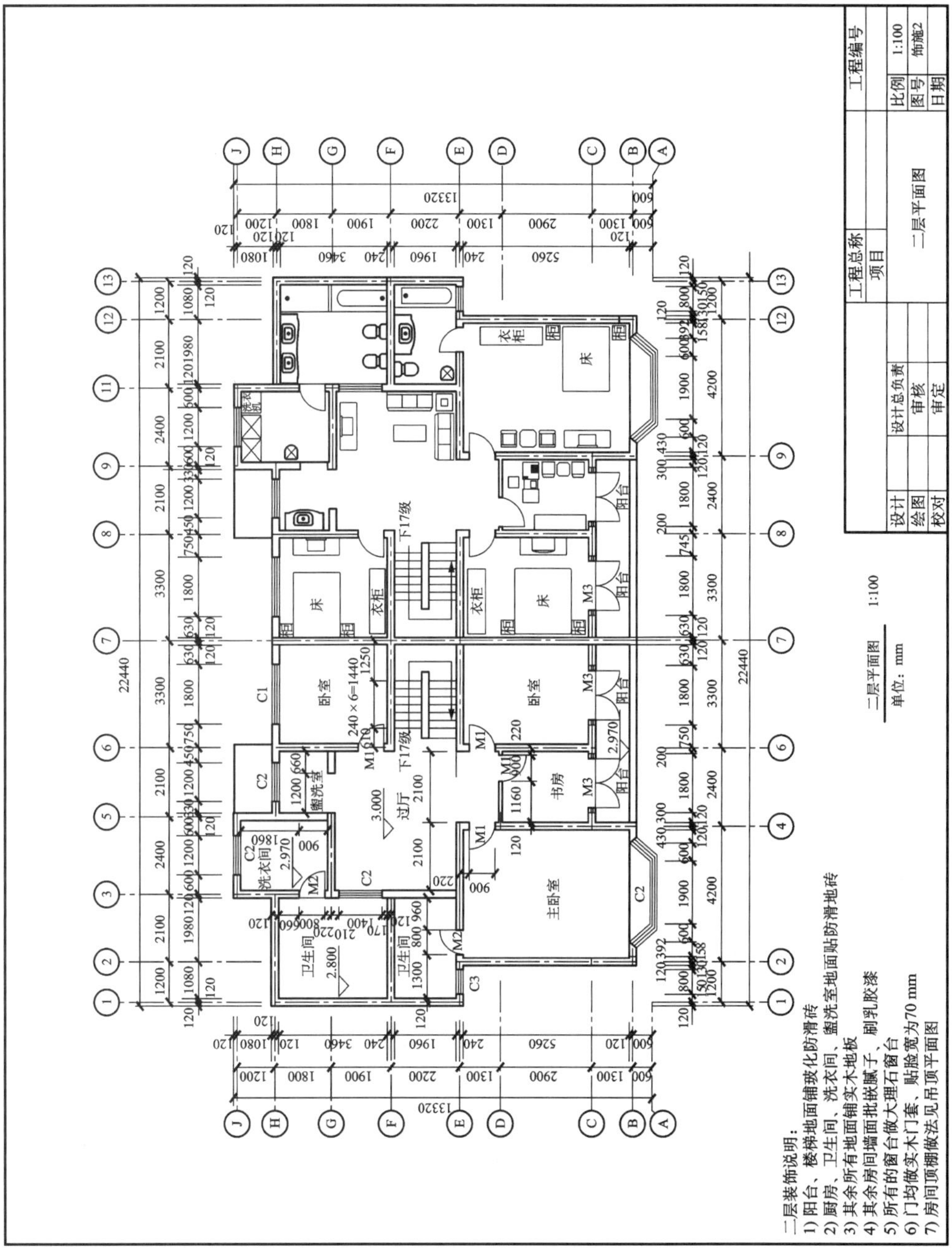

(b)

图 3-1-3　某建筑物一层平面图与二层平面图

地面： 素土夯实，150 mm 厚清水道碴垫层，120 mm 厚素混凝土 C15，20 mm 厚干混砂浆找平层，车库做 18 mm 厚水磨石面层（玻璃嵌条）；卫生间、厨房做 300 mm×300 mm 防滑地砖，M20.0 干混砂浆结合；其余地面均做 500 mm×500 mm 玻化地砖面层，用黏合剂粘贴。

楼面： 20 mm 厚干混砂浆找平层，阳台、卫生间、洗衣间、盥洗室做 300 mm×300 mm 防滑地砖，M20.0 干混砂浆结合；其余地面做 30 mm×45 mm 木格栅基层，硬木直行企口地板面层。

表 3-1-5　楼地面分部分项工程量计算式

序号	项目名称	工程量计算式

表 3-1-6　楼地面分部分项工程预算书

序号	定额编号	项目名称	计量单位	工程数量

知识库

1. 请写出图 3-1-4 中楼地面面层对应的项目名称

图①

图②

图③

图④

图⑤

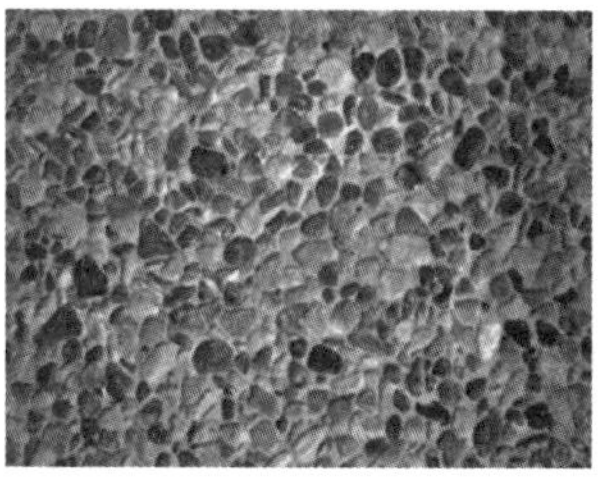

图⑥

图 3-1-4　整体面层工程实例

图①__________　　图②__________　　图③__________

图④__________　　图⑤__________　　图⑥__________

2. 请根据文字描述内容选择对应的图片

(1) 工程量计算时应扣除凸出地面的构筑物、设备基础、地沟等所占面积。图 3-1-5 中用于表示该项目的图号是__________。

(2) 不扣除柱、垛、间壁墙、附墙烟囱及面积在 0.3 m^2 以内孔洞占面积。图 3-1-5 中用于表示该项目的图号是__________。

(3) 门洞、空圈、暖气包槽、壁龛等开口部分亦不增加。图 3-1-5 中用于表示该项目的图号是__________。

图①

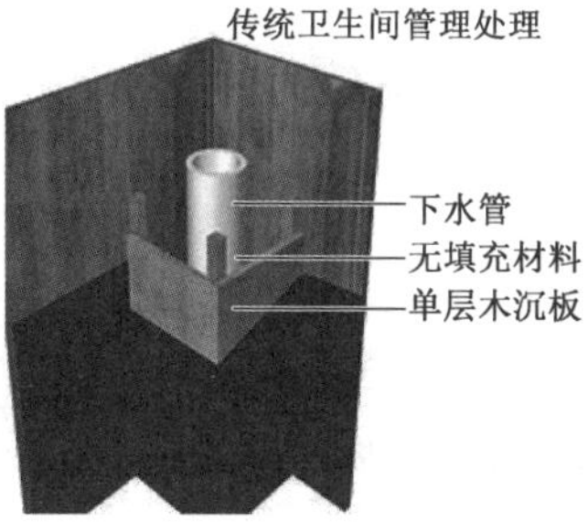

图②

图③

图 3-1-5　室内局部构建工程实例

3.1.2 块料面层项目计量

任务布置

根据工程平面图及施工说明，完成块料面层定额子目的设置，并计算块料面层项目定额工程量。

知识准备

你知道吗？

◎ 楼地面块料面层定额子目有哪些？

◎ 楼地面橡塑面层定额子目有哪些？

◎ 楼地面其他材料面层定额子目有哪些？

1. 块料面层、橡塑面层、其他材料面层的常用项目

楼地面块料面层、橡塑面层、其他材料面层项目应参照《上海市建筑和装饰工程预算定额(SH 01-31-2016)》，如表 3-1-7 所示。

表 3-1-7 块料面层、橡塑面层、其他材料面层常用项目

定额编号	项目名称	计量单位
01-11-2-1	石材楼地面干混砂浆铺贴 每块面积 0.64 m^2 以内	m^2
01-11-2-2	石材楼地面干混砂浆铺贴 每块面积 0.64 m^2 以外	m^2
01-11-2-3	石材楼地面黏合剂粘贴 每块面积 0.64 m^2 以内	m^2
01-11-2-4	石材楼地面黏合剂粘贴 每块面积 0.64 m^2 以外	m^2
01-11-2-5	石材楼地面碎拼 干混砂浆铺贴	m^2
01-11-2-6	石材楼地面碎拼 黏合剂铺贴	m^2
01-11-2-7	石材楼地面拼花 干混砂浆铺贴	m^2
01-11-2-8	石材楼地面拼花 黏合剂铺贴	m^2
01-11-2-9	石材楼地面镶边 干混砂浆铺贴	m^2
01-11-2-10	石材楼地面镶边 黏合剂铺贴	m^2
01-11-2-11	石材楼地面点缀	个
01-11-2-12	石材晶面处理	m^2
01-11-2-13	地砖楼地面干混砂浆铺贴 每块面积 0.1 m^2 以内	m^2
01-11-2-14	地砖楼地面干混砂浆铺贴 每块面积 0.36 m^2 以内	m^2
01-11-2-15	地砖楼地面干混砂浆铺贴 每块面积 0.64 m^2 以内	m^2

（续表）

定额编号	项目名称	计量单位
01-11-2-16	地砖楼地面干混砂浆铺贴 每块面积 0.64 m^2以外	m^2
01-11-3-1	橡塑板楼地面	m^2
01-11-3-2	橡塑板卷材楼地面	m^2
01-11-3-3	塑料板楼地面	m^2
01-11-3-4	塑料卷材楼地面	m^2
01-11-4-1	地毯楼地面 有胶垫	m^2
01-11-4-2	地毯楼地面 无胶垫	m^2
01-11-4-4	地板 木格栅	m^2
01-11-4-4	复合地板	m^2

2. 定额说明

(1) 块料面层定额子目中均不包括刷素水泥浆。

(2) 块料面层(除广场砖及鹅卵石地坪外)定额子目中均不包括找平层。

(3) 块料面层及橡塑、木地板面层等定额子目均未包括踢脚线，踢脚线另外计算。

(4) 玻化砖按地砖相应定额子目执行。

(5) 块料面层定额子目已包括块料直行切割。如设计要求分格、分色者，按相应子目人工乘以系数 1.1。

(6) 镶嵌规格在 100 mm×100 mm 以内的石材执行点缀子目。

(7) 广场砖铺贴如设计要求为环形及菱形时，其人工乘以系数 1.2。

(8) 鹅卵石铺设如设计要求为分色拼花时，其分色拼花部分的人工乘以系数 1.2。

(9) 木地板基层与面层应分别套用相应定额子目。防静电活动地板与智能化活动地板的支架与配件应在成品内考虑。

3. 工程量计算规则

(1) 块料面层按设计图示尺寸以面积计算。门洞、空圈、暖气包槽、壁龛的开口部分并入相应的工程量内。

① 块料面层拼花按最大外围尺寸以矩形面积计算。

② 块料面层拼色、镶边按设计图示尺寸以面积计算。

③ 块料面层点缀按个计算，计算主体铺贴块料面层时，不扣除点缀所占面积。

④ 石材晶面处理按设计图示尺寸的石材表面积计算。

(2) 橡塑面层及其他材料面层按设计图示尺寸以面积计算。门洞、空圈、暖气包槽、壁龛的开口部分并入相应的工程量内。

注：按设计图示尺寸以面积计算即为按室内净面积计算。

举例说明

训练一：

图3-1-6为某建筑物底层平面图，该工程地面装饰面层为干混砂浆铺贴石材(600 mm×600 mm)楼地面面层，试计算该地面块料面层项目的工程量并编制项目预算书(图中120 mm厚隔墙为二次装修的隔墙)。

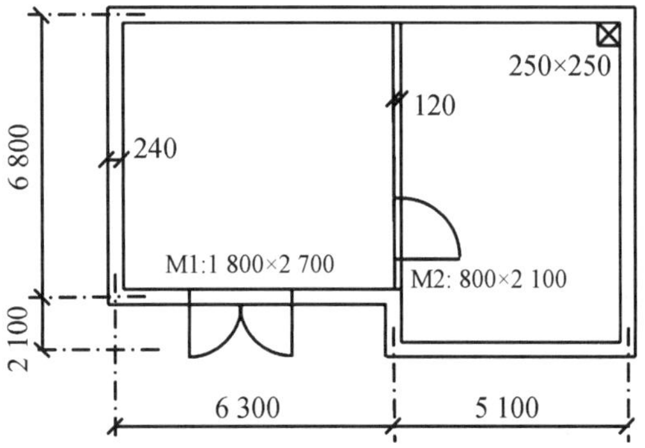

图3-1-6　某建筑物底层平面图

【解】

1. 工程列项

根据《上海市建筑和装饰工程预算定额(SH 01-31-2016)》"第十一章　楼地面装饰工程"进行列项。

2. 工程量计算

本工程按室内净面积计算，扣除洞口所占面积，增加门洞M1开口部分。

(1) 石材楼地面干混砂浆铺贴(每块面积0.64 m^2以内)。

$$S=11.16\times8.66-6.3\times2.1-0.25\times0.25+1.8\times0.24=83.79\ m^2$$

3. 编制预算书

根据预算书格式，编列该项目工程预算书，见表3-1-8。

表3-1-8　楼地面分部分项工程预算书

序号	定额编号	项目名称	计量单位	工程数量
1	01-11-2-1	石材楼地面干混砂浆铺贴每块面积0.64 m^2以内	m^2	83.79

训练二：

已知地面做法：20 mm厚1∶2水泥砂浆找平层，接待室面层做DS M20.0干混砂浆结合，金米黄大理石面层，1 000 mm×1 000 mm；值班室面层做 18 厚 300 mm×300 mm 彩釉地砖，DS M20.0 水泥砂浆结合；休息室面层做 30 mm×45 mm 木龙骨基层，上铺 20 mm 厚企口地板。M－1 为双扇玻璃弹簧门，其他门为木门。请根据施工图纸图 3-1-7 及说明计算楼地面相关工程量并编制预算书。

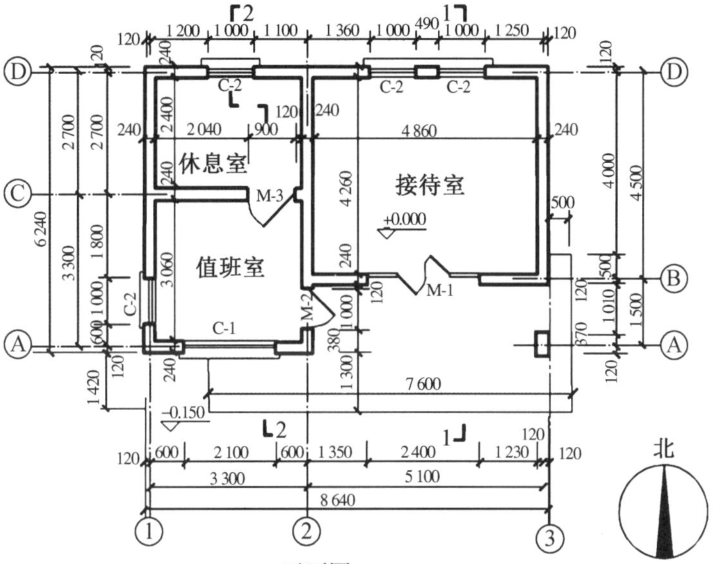

平面图 1:50

图 3-1-7　施工图纸

【解】

1. 工程列项

根据《上海市建筑和装饰工程预算定额(SH 01-31-2016)》“第十一章　楼地面装饰工程”进行列项。

2. 工程量计算

(1) 找平层按室内净面积计算，不扣除≤0.3 m^2 柱所占面积，门洞 M－3、M－1、M－2 开口部分不增加。

休息室净面积＝(2.7－0.24)×(3.3－0.24)＝7.53 m^2

接待室净面积＝(5.1－0.24)×(4.5－0.24)＝20.70 m^2

值班室净面积＝(3.3－0.24)×(3.3－0.24)＝9.36 m^2

工程量＝7.53＋20.7＋9.36＝37.59 m^2

(2) 石材楼地面干混砂浆铺贴(每块面积 0.64 m^2 以外)。

接待室的石材楼地面面层找平层按室内净面积计算，M－1 为双扇玻璃弹簧门，不增加开口部分面积，工程量＝20.7 m^2。

(3) 地砖楼地面干混砂浆铺贴(每块面积 0.1 m^2 以内)。

值班室的地砖楼地面面层找平层按室内净面积计算，M－2 向室外开，故增加开口部分面积，工程量＝9.36＋0.24×1.0＝9.6 m^2。

(4) 地板木格栅和企口地板。

休息室的木格栅地板及企口地板的工程量按室内净面积计算，M－1 向值班室开，故增加开口部分面积，工程量＝7.53＋0.24×0.9＝7.75 m^2。

3. 编制预算书

根据预算书格式，编列该项目工程预算书，见表 3-1-9。

表 3-1-9　楼地面分部分项工程预算书

序号	定额编号	项目名称	计量单位	工程数量
1	01-11-2-1	干混砂浆找平层	m^2	37.59
2	01-11-2-2	石材楼地面干混砂浆铺贴 每块 面积 0.64 m^2 以外	m^2	20.7
3	01-11-2-13	地砖楼地面干混砂浆铺贴 每块 面积 0.1 m^2 以内	m^2	9.6
4	01-11-4-4	地板 木格栅	m^2	7.75
5	01-11-4-8	企口地板 木楞上直铺	m^2	7.75

技能训练

如图 3-1-8 所示，结合《上海市建筑和装饰工程预算定额(SH 01-31-2016)》，计算该工程块料面层、其他面层项目的工程量并编制项目预算书，填写表 3-1-10、表 3-1-11。

地面：素土夯实，150 mm 厚清水道碴垫层，120 mm 厚素混凝土 C15，20 mm 厚干混砂浆找平层，车库做 18 mm 厚水磨石面层(玻璃嵌条)；卫生间、厨房做 300 mm×300 mm 防滑地砖，M20.0 干混砂浆结合；其余地面均做 500 mm×500 mm 玻化地砖面层，黏合剂粘贴。

楼面：20 mm 厚干混砂浆找平层，阳台、卫生间、洗衣间、盥洗室做 300 mm×300 mm 防滑地砖，M20.0 干混砂浆结合；其余地面做 30 mm×45 mm 木格栅基层，硬木直行企口地板面层。

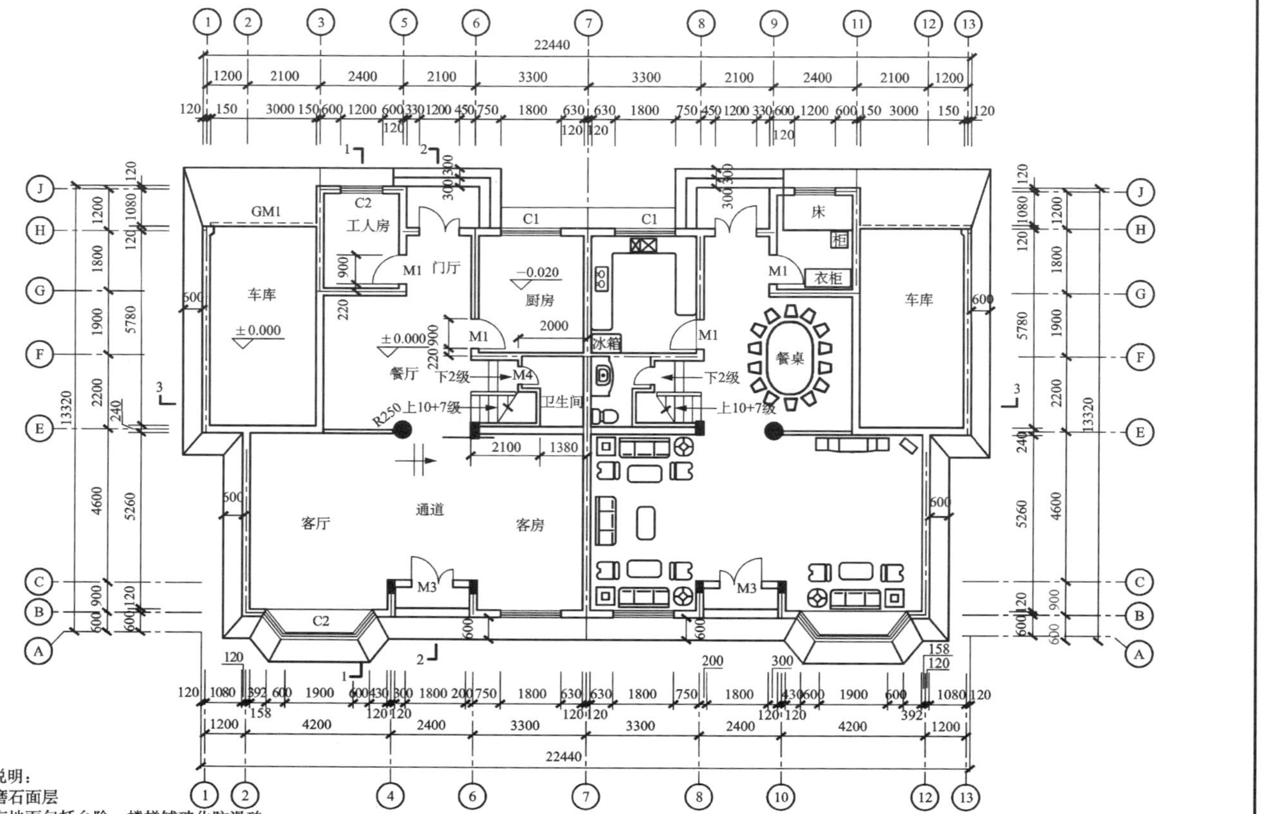

一层装饰说明：
1) 车库水磨石面层
2) 其余所有地面包括台阶、楼梯铺玻化防滑砖
3) 厨房、卫生间墙面贴瓷砖
4) 其余房间墙面批嵌腻子、刷乳胶漆
5) 所有的窗台做大理石窗台
6) 门均做实木门套、贴脸宽为70 mm
7) 房间顶棚做法见吊顶平面图

一层平面图　1:100

单位：mm

		工程总称		工程编号	
		项目			
设计	设计总负责	一层平面图		比例	1:100
绘图	审核			图号	饰施1
校对	审定			日期	

(a)

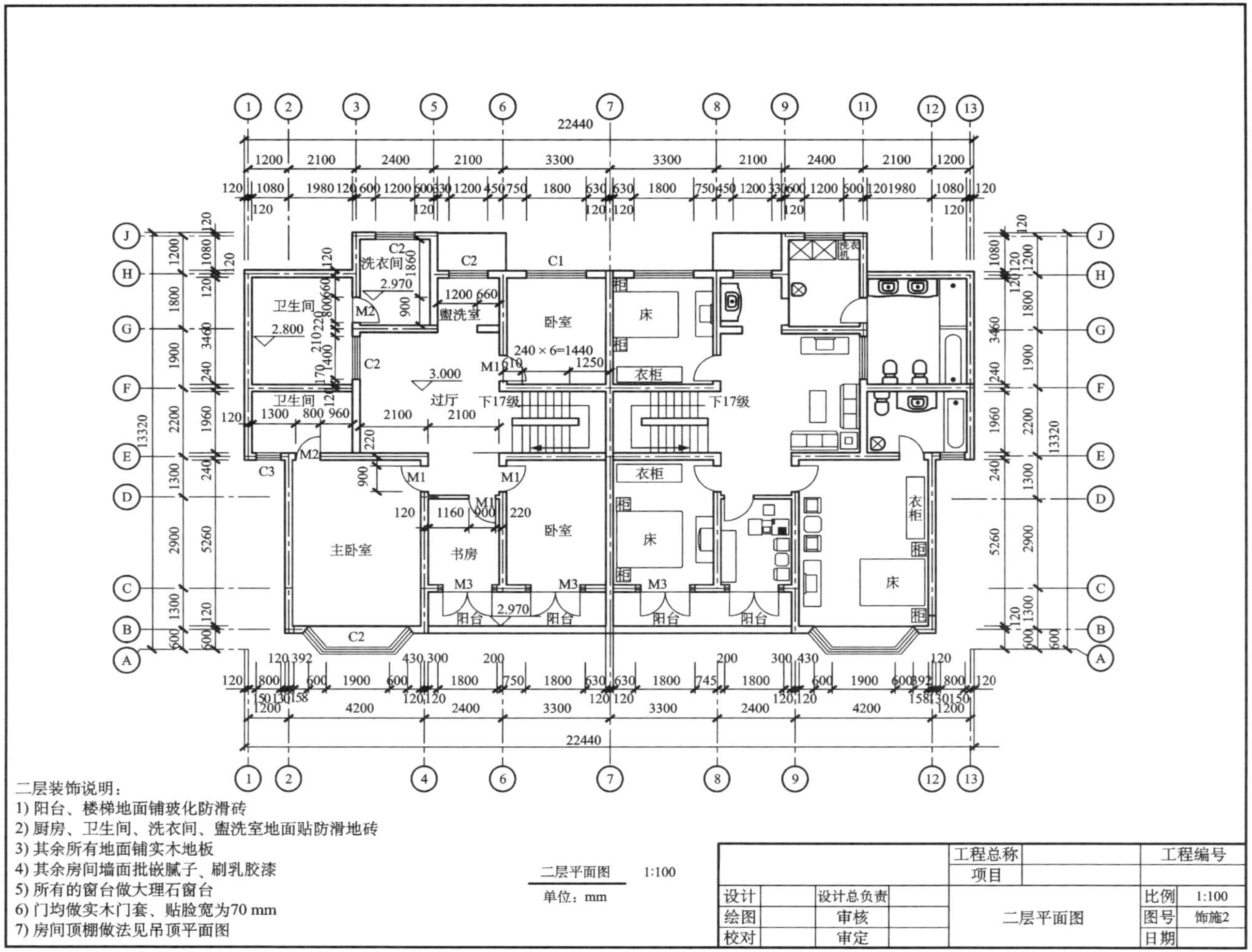

(b)

图 3-1-8 某建筑物一层平面图与二层平面图

表 3-1-10　楼地面分部分项工程预算书

序号	定额编号	项目名称	计量单位	工程数量

表 3-1-11　楼地面分部分项工程量计算式

序号	项目名称	工程量计算式

知识库

1. 请写出图 3-1-9 中楼地面面层对应的项目名称

图①

图②

图③

图④　　图⑤　　图⑥

图 3-1-9　楼地面面层工程实例

图①__________　　图②__________　　图③__________

图④__________　　图⑤__________　　图⑥__________

2. 请根据文字描述内容选择对应的图片

(1) 工程量计算时以矩形最大外围尺寸所围的面积计算，在图 3-1-10 中表示的图号是__________。

(2) 工程量计算时以个为单位计算，计算主体时，不扣除点缀所占面积，在图 3-1-10 中表示的图号是__________。

图①　　图②

图 3-1-10　楼地面面层工程量计算实例

3.1.3　踢脚线、楼梯、台阶、零星装饰项目计量

任务布置

根据工程平面图及施工说明，完成踢脚线、楼梯、台阶、零星装饰定额子目的设置，并计算踢脚线、楼梯、台阶、零星装饰的工程量。

知识准备

你知道吗？

◎ 楼地面踢脚线装饰定额子目有哪些类型？

◎ 楼地面楼梯装饰定额子目有哪些类型?

◎ 楼地面台阶装饰定额子目有哪些类型?

1. 楼地面踢脚线、楼梯、台阶的常用项目

楼地面踢脚线、楼梯、台阶项目应参照《上海市建筑和装饰工程预算定额(SH 01-31-2016)》,如表3-1-12所示。

表3-1-12　楼地面踢脚线、楼梯、台阶常用项目定额

定额编号	项目名称	计量单位
01-11-5-1	干混砂浆 踢脚线	m
01-11-5-2	干混砂浆铺贴石材 踢脚线	m
01-11-5-3	黏合剂粘贴石材 踢脚线	m
01-11-5-4	干混砂浆铺贴地砖 踢脚线	m
01-11-5-5	黏合剂粘贴地砖 踢脚线	m
01-11-5-6	干混砂浆铺贴陶瓷锦砖 踢脚线	m
01-11-5-7	黏合剂粘贴陶瓷锦砖 踢脚线	m
01-11-5-8	塑料板 踢脚线	m
01-11-5-9	成品木质 踢脚线	m
01-11-5-10	细木工板基层 踢脚线	m
01-11-5-11	金属板 踢脚线	m
01-11-5-12	防静电板 踢脚线	m
01-11-6-1	干混砂浆铺贴 石材楼梯面层	m^2
01-11-6-2	黏合剂粘贴 石材楼梯面层	m^2
01-11-6-3	干混砂浆铺贴 地砖楼梯面层	m^2
01-11-6-4	黏合剂粘贴 地砖楼梯面层	m^2
01-11-6-5	楼梯面层 干混砂浆 20 mm 厚	m^2
01-11-6-6	楼梯找平 干混砂浆 15 mm 厚	m^2
01-11-6-7	楼梯面层 水磨石 15 mm 厚	m^2
01-11-6-8	楼梯面层 铺设地毯 带垫	m^2
01-11-6-10	楼梯地毯配件 踏步压棍	套
01-11-7-1	干混砂浆铺贴 石材台阶面	m^2
01-11-7-3	干混砂浆铺贴 地砖台阶面	m^2

（续表）

定额编号	项目名称	计量单位
01-11-7-5	干混砂浆铺贴 陶瓷锦砖台阶面	m^2
01-11-7-7	干混砂浆铺贴 拼碎石材台阶面	m^2
01-11-8-1	干混砂浆铺贴 石材零星项目	m^2
01-11-8-5	干混砂浆铺贴 地砖零星项目	m^2
01-11-8-7	干混砂浆铺贴 陶瓷锦砖零星项目	m^2
01-11-8-9	干混砂浆零星项目 20 mm 厚	m^2

2. 定额说明

(1) 整体面层、块料面层及橡塑、木地板面层等定额子目均未包括踢脚线，踢脚线另外计算。

(2) 踢脚线定额取定高度为 120 mm。若设计高度与定额不同，材料可以调整，其余不变。

(3) 弧形踢脚线及楼梯段踢脚线按相应定额子目的人工乘以系数 1.15。

(4) 楼梯面层定额子目内不包括楼梯底面抹灰及靠墙踢脚线，另按相应定额执行。楼梯及台阶块料面层侧面与牵边按相应零星定额子目执行。

(5) 弧形楼梯面层按相应定额子目的人工乘以系数 1.20。

(6) 楼梯地毯定额子目不包括踏步的压棍、压板。踏步的压棍、压板另套用相应定额子目。

(7) 楼梯水泥砂浆找平子目，仅适用于单独做找平层项目。

(8) 分格嵌条、防滑条的材质、规格与定额取定不同时，材料可以调整，其余不变。

(9) 零星项目适用于楼梯及台阶侧面与牵边、蹲台等以及面积在 0.5 m^2 以内且未列的子目。

3. 工程量计算规则

(1) 踢脚线按设计图示长度计算，卷材踢脚线如与楼地面面层整体铺贴，则并入相应楼地面工程量内。

(2) 楼梯面层按设计图示尺寸以楼梯(包括踏步、休息平台及小于等于 500 mm 的楼梯井)水平投影面积计算。楼梯与楼地面相连时，算至梯口梁内侧边沿；无梯口梁者，算至最上一层踏步边沿加 300 mm。

(3) 台阶面层按设计图示尺寸以台阶(包括最上层踏步边沿加 300 mm)水平投影面积计算。

(4) 零星装饰项目按设计图示尺寸以面积计算。

(5) 分格嵌条、防滑条、地面分仓缝均按设计图示尺寸以长度计算。

举例说明

训练一：

某二层建筑物的楼梯平面图如图 3-1-11 所示，已知楼梯采用 25 mm 厚大理石铺贴，黏合剂粘贴，金属防滑条(4 mm×6 mm)，试根据以上内容计算楼梯相关的工程量。

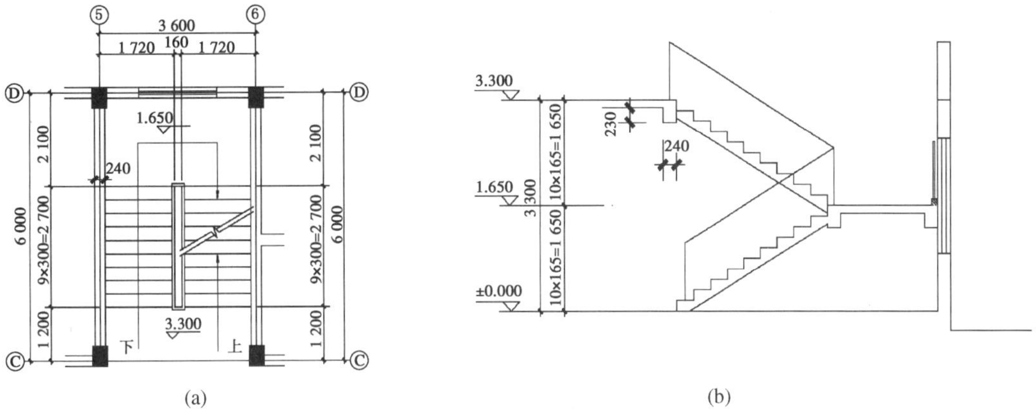

图 3-1-11　某二层建筑物楼梯平面图

【解】

1. 工程列项

根据《上海市建筑和装饰工程预算定额(SH 01-31-2016)》“第十一章　楼地面装饰工程”进行列项。

2. 工程量计算

楼梯面层按设计图示尺寸以楼梯(包括踏步、休息平台及小于等于 500 mm 的楼梯井)水平投影面积计算。楼梯与楼地面相连时，无梯口梁者，算至最上一层踏步边沿加 300 mm。

(1) 石材楼梯面层工程量＝(3.6－0.24)×(4.8－0.12＋0.3)＝16.73 m^2。

(2) 金属防滑条工程量＝[(3.6－0.16－0.24)÷2]×20＝32 m。

3. 编制预算书

根据预算书格式，编列该项目工程预算书，见表 3-1-13。

表 3-1-13　楼地面分部分项工程预算书

序号	定额编号	项目名称	计量单位	工程数量
1	01-11-6-2 换	石材楼梯面层，黏合剂粘贴	m^2	16.73
2	01-11-9-3	金属嵌条(4×6)	m	32

训练二：

某楼梯平面图如图 3-1-12 所示，请列出楼梯面层项目名称并计算工程量。楼梯采用干混砂浆找平层，20 mm 厚水磨石面层。

【解】

1. 工程列项

根据《上海市建筑和装饰工程预算定额(SH 01-31-2016)》“第十一章　楼地面装饰工程”进行列项。

2. 工程量计算

(1) 干混砂浆找平层因为楼梯井宽大于 500 mm，故要扣除其水平投影面积。

$$工程量=(4.8-0.24)\times(1.8+2.7+0.2-0.12)-2.7\times1.5=16.83\ \mathrm{m^2}$$

(2) 水磨石面层。

水磨石面层计算方法与找平层相同，即工程量=16.83 $\mathrm{m^2}$

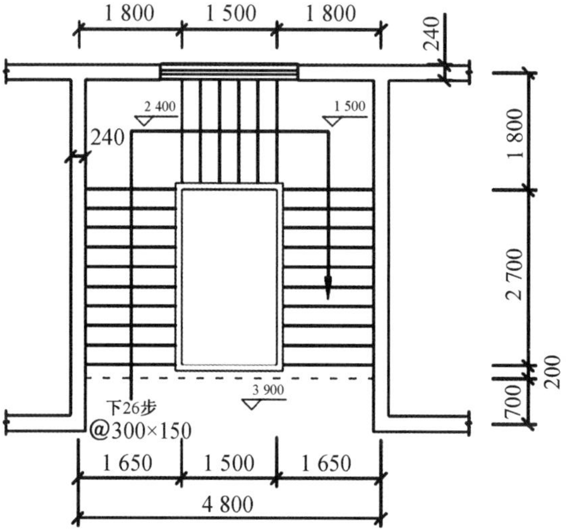

图 3-1-12　某楼梯平面图

3. 编制预算书

根据预算书格式，编列该项目工程预算书，见表 3-1-14。

表 3-1-14　楼地面分部分项工程预算书

序号	定额编号	项目名称	计量单位	工程数量
1	01-11-6-6	楼梯找平 干混砂浆 15 mm 厚	$\mathrm{m^2}$	16.83
2	01-11-6-7 换	水磨石楼地面 20 mm 厚	$\mathrm{m^2}$	16.83

训练三：

根据图 3-1-13 计算台阶面层和地面面层的工程量并编制相应的工程量清单。

施工说明：干混砂浆找平，黏合剂粘贴彩釉地砖台阶面。

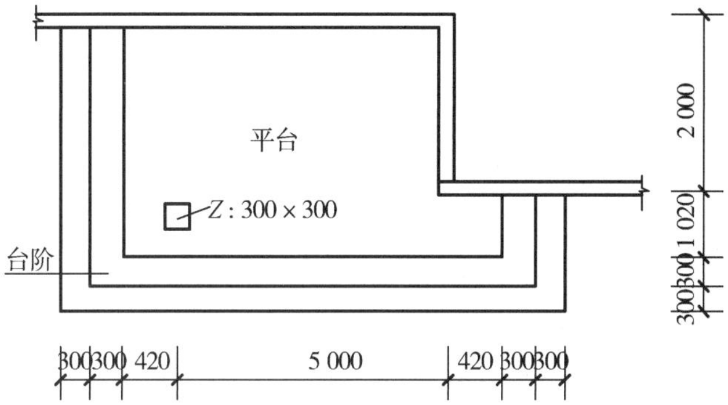

图 3-1-13　某台阶平面图

【解】

1. 工程列项

根据《上海市建筑和装饰工程预算定额(SH 01-31-2016)》“第十一章　楼地面装饰工程”进行列项。

2. 工程量计算

台阶面层按设计图示尺寸以台阶(包括最上层踏步边沿加 300 mm)水平投影面积计算。

(1) 台阶彩釉地砖面层，黏合剂粘贴。

工程量＝(3.02－0.12－0.3＋1.02－0.3＋5.84－0.6)×0.9＝7.7 m^2

(2) 楼地面彩釉地砖面层，黏合剂粘贴，块料面层要扣除柱子的面积。

工程量＝(5.84＋1.2)×(3.62－0.12)－7.7－(0.42＋0.6)×2－0.3×0.3

　　　＝14.81 m^2

3. 编制预算书

根据预算书格式，编列该项目工程预算书，见表 3-1-15。

表 3-1-15　楼地面分部分项工程预算书

序号	定额编号	项目名称	计量单位	工程数量
1	01-11-7-4	地砖台阶面，黏合剂粘贴	m^2	7.7
2	01-11-2-17 换	地砖楼地面，黏合剂粘贴	m^2	14.81

训练四：

图同块料面层章节图 3-1-7。踢脚线材料同地面面层材料，高度 150 mm。请根据施工说明计算踢脚线相关工程量并编制预算书。

【解】

1. 工程列项

根据《上海市建筑和装饰工程预算定额(SH 01-31-2016)》"第十一章　楼地面装饰工程"进行列项。

2. 工程量计算

踢脚线定额取定高度为 120 mm。如设计高度与定额不同时，材料可以调整。

(1) 干混砂浆铺贴石材踢脚线。

接待室：工程量＝(4.86＋4.26)×2－2.4＝15.84 m

(2) 彩釉地砖干混砂浆铺贴地砖踢脚线。

值班室：工程量＝3.06×4－1－0.9＋0.24×2＝10.82 m

(3) 成品木质踢脚线。

休息室：工程量＝(3.06＋2.46)×2－0.9＋0.24×2＝10.62 m

3. 编制预算书

根据预算书格式，编列该项目工程预算书，见表 3-1-16。

表 3-1-16　楼地面分部分项工程预算书

序号	定额编号	项目名称	计量单位	工程数量
1	01-11-5-2 换	干混砂浆铺贴石材踢脚线	m	15.84
2	01-11-5-4 换	干混砂浆铺贴地砖踢脚线	m	10.82
3	01-11-5-9 换	成品木质踢脚线	m	10.82

技能训练

如图 3-1-14 所示，结合《上海市建筑和装饰工程预算定额(SH 01-31-2016)》，计算该工程踢脚线项目的工程量并编制项目预算书，填写表 3-1-17、表 3-1-18。

地面：素土夯实，150 mm 厚清水道碴垫层，120 mm 厚素混凝土 C15，20 mm 厚干混砂浆找平层，车库做 18 mm 厚水磨石面层(玻璃嵌条)；卫生间、厨房做 300 mm×300 mm 防滑地砖，M20.0 干混砂浆结合；其余地面均做 500 mm×500 mm 玻化地砖面层，黏合剂粘贴。踢脚线材料同地面面层材料，高度 130 mm。

楼面：20 mm 厚干混砂浆找平层，阳台、卫生间、洗衣间、盥洗室做 300 mm×300 mm 防滑地砖，M20.0 干混砂浆结合；其余地面做 30 mm×45 mm 木格栅基层，硬木直行企口地板面层。踢脚线材料同地面面层材料，高度 130 mm。

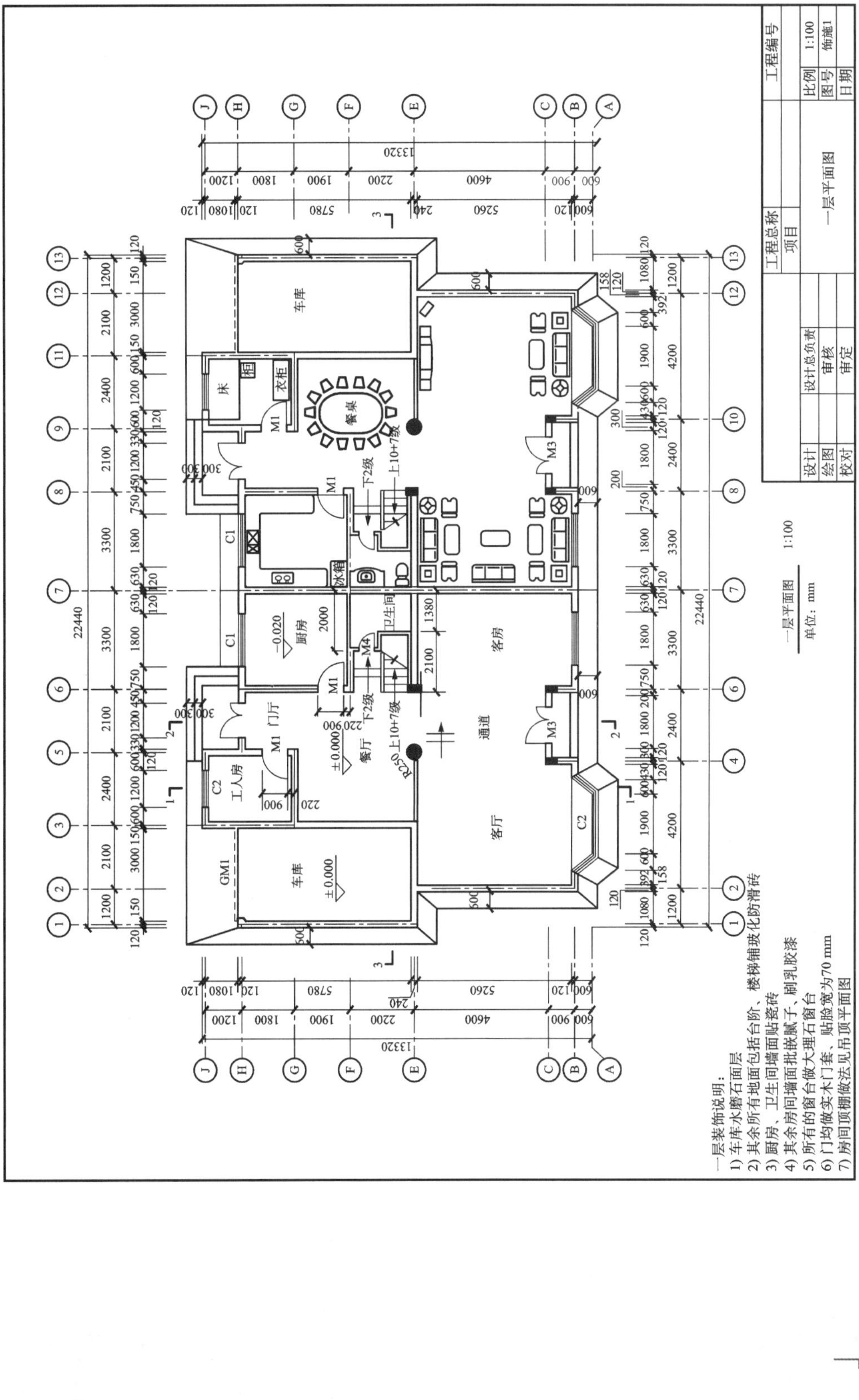
一层装饰说明：
1) 车库水磨石面层
2) 其余所有地面包括台阶、楼梯铺玻化防滑砖
3) 厨房、卫生间墙面贴瓷砖
4) 其余房间墙面批腻子、刷乳胶漆
5) 所有的窗台做大理石窗台
6) 门均做实木门套，贴脸宽为70 mm
7) 房间顶棚做法见吊顶平面图
一层平面图　1:100
单位：mm
车库
客厅
客房
通道
餐厅
厨房
卫生间
门厅
工人房
餐桌
衣柜
床
冰箱
22440
13320
工程总称
项目
一层平面图
工程编号
比例　1:100
图号　饰施1
日期
设计
绘图
校对
设计总负责
审核
审定

(a) 一层平面图

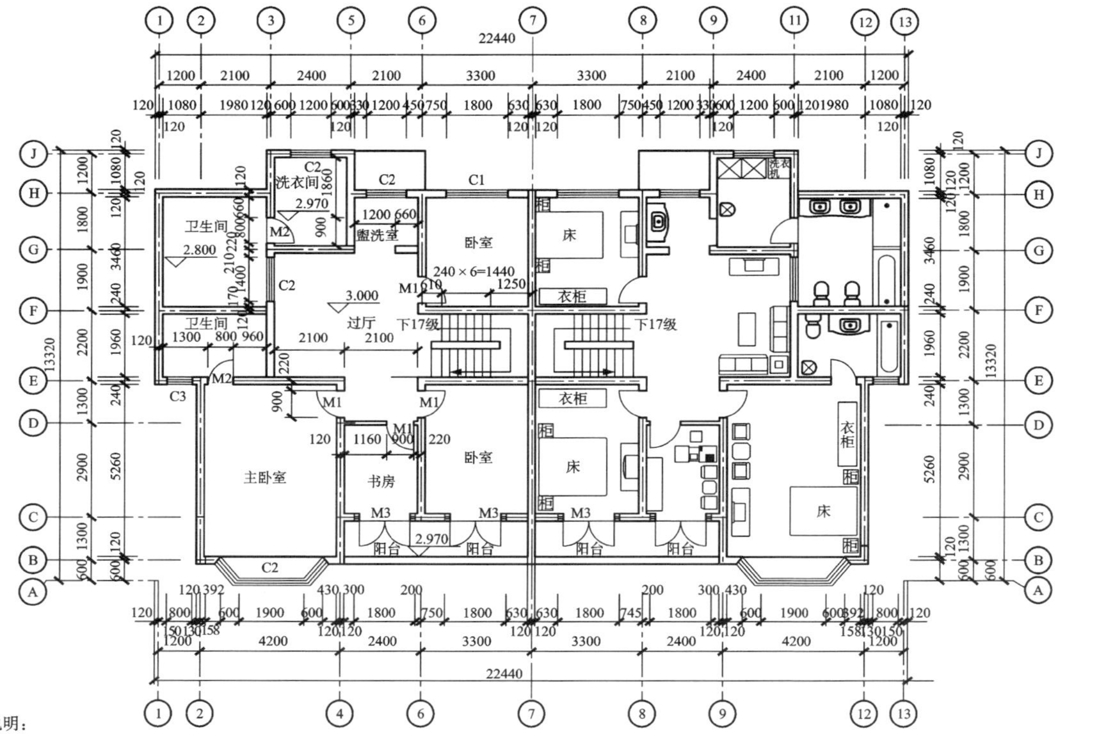

二层装饰说明:
1) 阳台、楼梯地面铺玻化防滑砖
2) 厨房、卫生间、洗衣间、盥洗室地面贴防滑地砖
3) 其余所有地面铺实木地板
4) 其余房间墙面批嵌腻子、刷乳胶漆
5) 所有的窗台做大理石窗台
6) 门均做实木门套、贴脸宽为70 mm
7) 房间顶棚做法见吊顶平面图

二层平面图　1:100

单位：mm

			工程总称		工程编号	
			项目			
设计		设计总负责	二层平面图		比例	1:100
绘图		审核			图号	饰施2
校对		审定			日期	

（b）二层平面图

图 3-1-14　一层平面图与二层平面图

表 3-1-17　楼地面分部分项工程预算书

序号	定额编号	项目名称	计量单位	工程数量

表 3-1-18　楼地面分部分项工程量计算式

序号	项目名称	工程量计算式

知识库

1. 请写出图 3-1-15 中楼地面面层对应的项目名称

图①

图②

图③

图④

图⑤

图⑥

图 3-1-15　楼地面面层工程实例

图①__________　　图②__________　　图③__________

图④__________　　图⑤__________　　图⑥__________

2. 请根据文字描述内容选择对应的图片

(1) 工程量计算时按设计图示尺寸以水平投影面积计算。与楼地面相连时，算至梯口梁内侧边沿；无梯口梁者，算至最上一层踏步边沿加 300 mm。图 3-1-16 中用于表示该工程的图号是__________。

(2) 工程量计算按设计图示长度计算，材料为卷材时，并入相应楼地面工程量内。图 3-1-16 中用于表示该工程的图号是__________。

(3) 工程量计算时按设计图示尺寸按最上层踏步边沿加 300 mm 以水平投影面积计算。图 3-1-16 中用于表示该工程的图号是__________。

图①

图②

图③

图 3-1-16　楼地面面层工程量计算实例

3.2　墙柱面工程定额计量

目标要求

通过本模块的学习，使学生掌握《上海市建筑和装饰工程预算定额（SH 01-31-2016）》中墙柱面装饰工程的定额子目设置方法和项目工程量计算方法；能够结合装饰工程施工图及施工要求列出相应墙柱面工程项目名称并计算工程量。

3.2.1　墙面装饰项目计量

任务布置

根据工程平面图及施工说明，完成墙面装饰定额子目的设置，并计算墙面装饰工程量。

知识准备

你知道吗？

◎ 墙面抹灰面层定额子目有哪些？

◎ 墙面块料面层定额子目有哪些？

◎ 墙面饰面面层定额子目有哪些？

墙面面层的装饰包括三类：墙面抹灰面层、墙面块料面层和墙面饰面面层。

1. 墙面装饰的常用项目

墙面装饰项目应参照《上海市建筑和装饰工程预算定额（SH 01-31-2016）》。表 3-2-1 列出了墙面装饰常用项目。

表 3-2-1　墙面装饰常用项目

定额编号	项目名称	计量单位
01-12-1-1	一般抹灰 外墙	m^2
01-12-1-2	一般抹灰 内墙	m^2
01-12-1-5	墙面找平层 15 mm 厚	m^2
01-12-1-7	墙柱面刷素水泥浆	m^2
01-12-1-12	墙柱面界面砂浆 混凝土面	m^2
01-12-1-13	墙柱面界面砂浆 砌块面	m^2
01-12-1-18	石膏砂浆墙柱面抹灰 15 mm 厚	m^2

(续表)

定额编号	项目名称	计量单位
01-12-1-20	装饰抹灰 拉毛墙面	m^2
01-12-1-22	装饰抹灰 水刷石墙面	m^2
01-12-4-1	石材墙面 干混砂浆挂贴	m^2
01-12-4-2	石材墙面 干混砂浆铺贴	m^2
01-12-4-4	干挂石材 内墙面	m^2
01-12-4-5	背栓干挂石材 外墙面 密缝	m^2
01-12-4-11	面砖稀缝墙面干混砂浆铺贴 每块面积 0.01 m^2以内	m^2
01-12-4-12	面砖稀缝墙面干混砂浆铺贴 每块面积 0.01 m^2以外	m^2
01-12-4-23	瓷砖墙面干混砂浆铺贴 每块面积 0.025 m^2以内	m^2
01-12-4-24	瓷砖墙面干混砂浆铺贴 每块面积 0.025 m^2以外	m^2
01-12-7-1	木龙骨基层(断面 7.5 cm^2以内)中距 300 mm	m^2
01-12-7-3	木龙骨基层(断面 13 cm^2以内)中距 300 mm	m^2
01-12-7-9	型钢龙骨 内墙、柱(梁)面	t
01-12-7-10	型钢龙骨 外墙、柱(梁)面	t
01-12-7-11	基层 胶合板	m^2
01-12-7-12	基层 细木工板	m^2
01-12-7-16	面层 胶合板	m^2
01-12-7-18	面层 隔音板	m^2
01-12-7-20	面层 纸面石膏板	m^2
01-12-7-31	面层 粘贴成品木饰面板	m^2
01-12-7-32	面层 挂贴成品木饰面板	m^2
01-12-7-36	面层 粘贴成品装饰浮雕	m^2

注：① 抹灰是用砂浆涂抹在建筑物墙、柱的表面上的一种装饰技术，分为一般抹灰和装饰抹灰两种：一般抹灰材料有石灰砂浆、水泥砂浆、混合砂浆、纸筋砂浆和素水泥砂浆等；装饰抹灰材料有水刷石、斩假石、假面砖、水磨石、特种砂浆、拉毛和甩毛等。

② 墙面块料面层材料主要包括天然大理石、花岗岩、凹凸毛石块、无釉面砖、假面石砖、金属面砖、陶瓷锦砖、瓷砖和波形瓦砖等。铺贴方法主要有三种：挂贴法、干挂法和粘贴法(干混砂浆或者黏结剂粘贴)。

2. 定额说明

(1) 若抹灰子目中砂浆配合比与设计不同，可以调整；如设计厚度与定额取定厚度不符，按相应增减厚度子目调整。砂浆按中级标准，抹灰砂浆分层厚度详见表 3-2-2。

表 3-2-2　墙柱面一般抹灰分层厚度

项目		底层		面层		总厚度
		砂浆	厚度	砂浆	厚度	
一般抹灰	内墙	干混抹灰砂浆 DP M10.00	13	干混抹灰砂浆 DP M10.00	7	20
	外墙	干混抹灰砂浆 DP M10.00	13	干混抹灰砂浆 DP M10.00	7	20
	钢板墙	干混抹灰砂浆 DP M10.00	15	干混抹灰砂浆 DP M10.00	5	20
	柱面	干混抹灰砂浆 DP M15.00	10	干混抹灰砂浆 DP M15.00	7	17
单刷素水泥砂浆一度				素水泥砂浆	1	1

(2) 圆弧形等不规则墙面抹灰及镶贴块料面层按墙面相应定额子目的人工乘以系数 1.15，如表 3-2-3 所示。

表 3-2-3　圆弧形等不规则墙面抹灰人工与材料

项目		单位	内墙一般抹灰	圆弧形内墙一般抹灰
人工	一般抹灰工	工日	0.109 4	0.109 4×1.15=0.125 8
	其他工	工日	0.017 5	0.017 5×1.15=0.020 1
	人工工日	工日	0.126 9	0.145 9
材料	干混抹灰砂浆 DP M15.0	m^3	0.020 5	0.020 5
	水	m^3	0.002 0	0.002 0

(3) 女儿墙(包括泛水、挑砖)内侧抹灰工程量按其投影面积计算(块料按展开面积计算)；女儿墙无泛水挑砖者，按墙面相应定额子目的人工乘以系数 1.10；女儿墙带泛水挑砖者，人工乘以系数 1.30，女儿墙外侧并入外墙计算。

(4) 窗间墙的单独抹灰及镶贴块料面层按墙面相应定额子目的人工乘以系数 1.25。

(5) 墙、柱、梁面及零星项目找平层定额仅适用于单独做找平层的项目。

(6) 墙、柱、梁面抹灰及镶贴块料定额子目不包括刷素水泥浆，刷素水泥浆执行本章墙、柱面刷素水泥浆定额子目。

(7) 墙、柱、梁饰面及隔断定额子目中的龙骨间距、规格如与设计不同时，允许调整。

(8) 木龙骨基层定额按双向编制，若设计为单向，人工、材料乘以系数 0.55。

(9) 面层、隔墙(间壁)、隔断、护壁定额子目内，除注明者外均未包括压边、收边、装饰线(板)，若设计要求，则按《上海市建筑和装饰工程预算定额(SH 01-31-2016)》“第十五章 其他装饰工程”相应定额子目执行。

3. 工程量计算规则

(1) 内墙抹灰面按设计图示主墙间净长乘高度以面积计算，扣除墙裙、门窗洞口及单个大于 0.3 m^2 的孔洞所占面积，不扣除踢脚线、挂镜线及小于等于 0.3 m^2 的孔洞和墙与构件交接处的面积。门窗洞口、孔洞的侧壁及顶面面积亦不增加，附墙柱、梁、垛的侧面并入相应墙面、墙裙抹灰工程量内计算。

① 无墙裙者，高度按室内楼地面至天棚底面计算。

② 有墙裙者，高度按墙裙顶至天棚底面计算。如墙裙与墙面抹灰种类相同者，工程量合并计算。

③ 有吊顶天棚者，高度算至天棚底面。

(2) 内墙裙抹灰面按内墙净长乘以高度计算，扣除门窗洞口及大于 0.3 m^2 的孔洞所占面积，门窗 洞口及孔洞侧壁面积亦不增加。

(3) 外墙抹灰面按垂直投影面积计算，扣除外墙裙、门窗洞口和单个大于 0.3 m^2 的孔洞所占面积，不扣除小于等于 0.3 m^2 的孔洞所占面积，门窗洞口及孔洞侧壁面积亦不增加。附墙柱、梁、垛侧面抹灰面积并入相应墙面、墙裙工程量内计算。

(4) 外墙裙抹灰按设计长度乘以高度计算，扣除门窗洞口及大于 0.3 m^2 的孔洞所占面积，门窗洞口及孔洞侧壁面积亦不增加。

(5) 墙面勾缝按设计图示尺寸以面积计算，扣除墙裙、门窗洞口及单个大于 0.3 m^2 的孔洞所占面积；门窗洞口及孔洞侧壁面积亦不增加。附墙柱、垛侧面勾缝面积并入墙面勾缝工程量内计算。

(6) 界面砂浆、界面处理剂按实际涂、喷面积计算。

(7) 墙面镶贴块料面层，按设计图示饰面面积计算(即考虑结合层厚度和饰面厚度)。

(8) 阴阳角条按设计图示长度计算，瓷砖倒角按设计要求的块料倒角长度计算。

举例说明

训练一：

图 3-2-1 为某建筑物底层平面图和墙身示意图，该工程外墙面为 20 mm 厚 1∶2 水泥白石子水刷石面层，内墙面为 20 mm 厚干混抹灰砂浆面层，试计算该工程墙面面层项目的工程量并编制项目预算书。

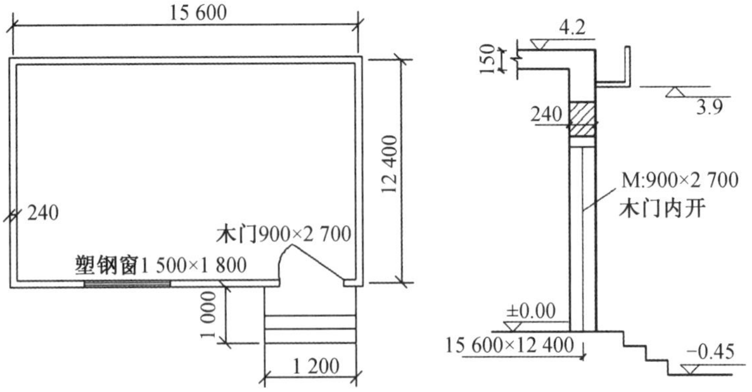

(a) 底层平面图　　(b) 墙身示意图

图 3-2-1　某建筑物底层平面图和墙身示意图

【解】

1. 工程列项

根据《上海市建筑和装饰工程预算定额(SH 01-31-2016)》"第十二章　墙、柱面装饰与隔断、幕墙工程"进行列项。

2. 工程量计算

本工程外墙面抹灰按垂直投影面积计算,即外墙外边线周长×墙高(墙高按室外地坪至天沟底计算)。扣除门窗洞口和单个大于0.3 m^2的孔洞所占面积,不扣除小于等于0.3 m^2的孔洞所占面积,门窗洞口及孔洞侧壁面积亦不增加。

本工程内墙面抹灰按设计图示主墙间净长×墙高(墙高按室内楼地面至天棚底面计算)以面积计算。扣除门窗洞口所占面积,不扣除踢脚线面积,门窗洞口、孔洞的侧壁及顶面面积亦不增加。

(1) 外墙面水刷石墙面抹灰工程量计算如下。

外墙外边线周长=(15.84+12.64)×2=56.96 m

外墙抹灰高度=3.9+0.45=4.35 m

外墙面面积=56.96×4.35=247.78 m^2

扣除门面积：0.9×2.7=2.43 m^2

扣除窗面积：1.5×1.8=2.7 m^2

扣除台阶面积：1.2×0.45=0.54 m^2

工程量=247.78−2.43−2.7−0.54=242.11 m^2

(2) 内墙面一般抹灰工程量计算如下。

内墙净周长=15.36+12.16=55.04 m

内墙抹灰高度=4.2−0.15=4.05 m

内墙面面积=55.04×4.05=222.91 m^2

扣除门面积：0.9×2.7=2.43 m^2

扣除窗面积：1.5×1.8=2.7 m^2

工程量=222.91−2.43−2.7=217.78 m^2

3. 编制预算书

根据预算书格式,编列该项目工程预算书,见表3-2-4。

表3-2-4　墙面分部分项工程预算书

序号	定额编号	项目名称	计量单位	工程数量
1	01-12-1-22	外墙面水刷石装饰抹灰	m^2	242.11
2	01-12-1-2	内墙面一般抹灰	m^2	217.78

训练二：

图 3-2-2 为某建筑物底层平面图和墙身示意图，该工程外墙面做 20 mm 厚大理石墙面，干混砂浆结合层；内墙面 10 mm 厚贴 200 mm×300 mm 的瓷砖，干混砂浆结合层 5 mm 厚。试计算该工程墙面面层项目的工程量并编制项目预算书（已知：窗台标高 0.9 m，M1：1 000 mm×2 700 mm，C1：1 500 mm×2 000 mm，窗框厚度 60 mm，门框厚度 90 mm）。

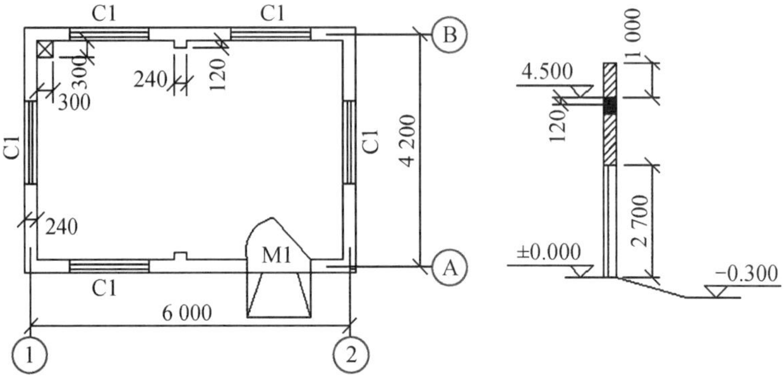

(a) 底层平面图　　(b) 墙身示意图

图 3-2-2　某建筑物底层平面图和墙身示意图

【解】

1. 工程列项

根据《上海市建筑和装饰工程预算定额（SH 01-31-2016）》“第十二章　墙、柱面装饰与隔断、幕墙工程”进行列项。

2. 工程量计算

本工程墙面镶贴块料面层，按设计图示饰面面积计算，考虑结合层厚度和饰面厚度。

外墙面饰面面积＝外墙饰面表面周长×墙面高度（按室外地坪至女儿墙顶面计算），扣除门窗洞口饰面面积，增加门窗洞口侧壁饰面面积。

内墙面饰面面积＝内墙面饰面净周长×墙面高度（按室内地坪至屋面板底计算），扣除门窗洞口饰面面积，增加门窗洞口侧壁饰面面积。

(1) 外墙面大理石面层，干混砂浆铺贴工程量计算如下。

外墙饰面周长＝(6.24＋0.025×2＋4.44＋0.025×2)×2＝21.56 m

外墙面高度＝0.3＋4.5＋1＝5.8 m

外墙饰面面积＝21.56×5.8＝125.05 m^2

扣除门面积：(1－0.025×2)×(2.7－0.025)＝2.54 m^2

扣除窗面积：(1.5－0.025×2)×(2－0.025×2)×5＝14.14 m^2

扣除坡道面积：1×0.3＝0.3 m^2

增加门侧壁面积：(0.95＋2.675×2)×(0.24－0.09＋0.025)＝1.1 m^2（门侧壁图）

增加窗侧壁面积：(1.45＋1.95)×2×[(0.24－0.06)/2＋0.025)]×5＝11.56 m^2

工程量＝125.05－2.54－14.14－0.3＋1.1＋11.56＝120.73 m^2

(2) 内墙面瓷砖面层工程量计算如下。

内墙饰面净周长＝(5.76－0.015×2＋3.96－0.015×2)×2＋0.12×4＝19.8 m

内墙面高度＝4.5－0.12＝4.38 m

内墙饰面面积＝19.8×4.38＝86.72 m^2

扣除门面积：(1－0.015×2)×(2.7－0.015)＝2.6 m^2

扣除窗面积：(1.5－0.015×2)×(2－0.015×2)×5＝14.48 m^2

增加窗侧壁面积：(1.47＋1.97)×2×[(0.24－0.06)/2＋0.015)]×5＝3.61 m^2

工程量＝86.72－2.6－14.48＋3.61＝73.25 m^2

3. 编制预算书

根据预算书格式，编列该项目工程预算书，见表 3-2-5。

表 3-2-5　墙面分部分项工程预算书

序号	定额编号	项目名称	计量单位	工程数量
1	01-12-4-2	石材墙面，干混砂浆铺贴	m^2	242.11
2	01-12-4-24	瓷砖墙面干混砂浆铺贴，每块面积 0.025 m^2 以外	m^2	217.78

技能训练

如图 3-2-3 所示，结合《上海市建筑和装饰工程预算定额》(SH 01-31-2016)，计算该工程整体面层及找平层项目的工程量并编制项目预算书，填写表 3-2-6、表 3-2-7。

内墙面：厨房间、卫生间、洗衣间、盥洗室、阳台贴 12 mm 厚白瓷砖 200 mm×300 mm，干混砂浆结合层(5 mm 厚)，其他房间均做干混砂浆抹灰。外墙面：贴 10 mm 厚 45 mm×95 mm 无釉面砖面层，干混砂浆结合层(5 mm 厚)(已知：窗框厚度 60 mm，门框厚度 90 mm，120 mm)。

表 3-2-6　墙面分部分项工程预算书

序号	定额编号	项目名称	计量单位	工程数量

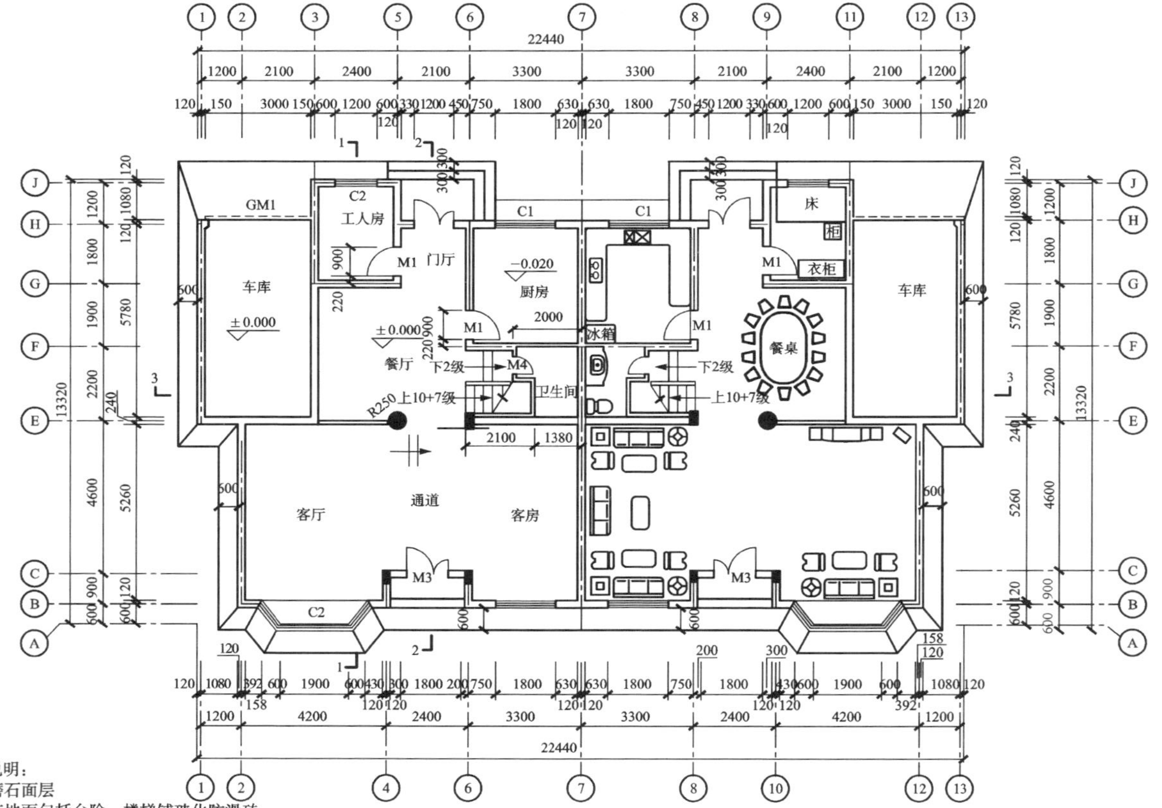

一层装饰说明：
1) 车库水磨石面层
2) 其余所有地面包括台阶、楼梯铺玻化防滑砖
3) 厨房、卫生间墙面贴瓷砖
4) 其余房间墙面批嵌腻子、刷乳胶漆
5) 所有的窗台做大理石窗台
6) 门均做实木门套、贴脸宽为70 mm
7) 房间顶棚做法见吊顶平面图

一层平面图 1:100
单位：mm

工程总称 | 工程编号
项目
设计 | 设计总负责 | 一层平面图 | 比例 1:100
绘图 | 审核 | 图号 饰施1
校对 | 审定 | 日期

（a）一层平面图

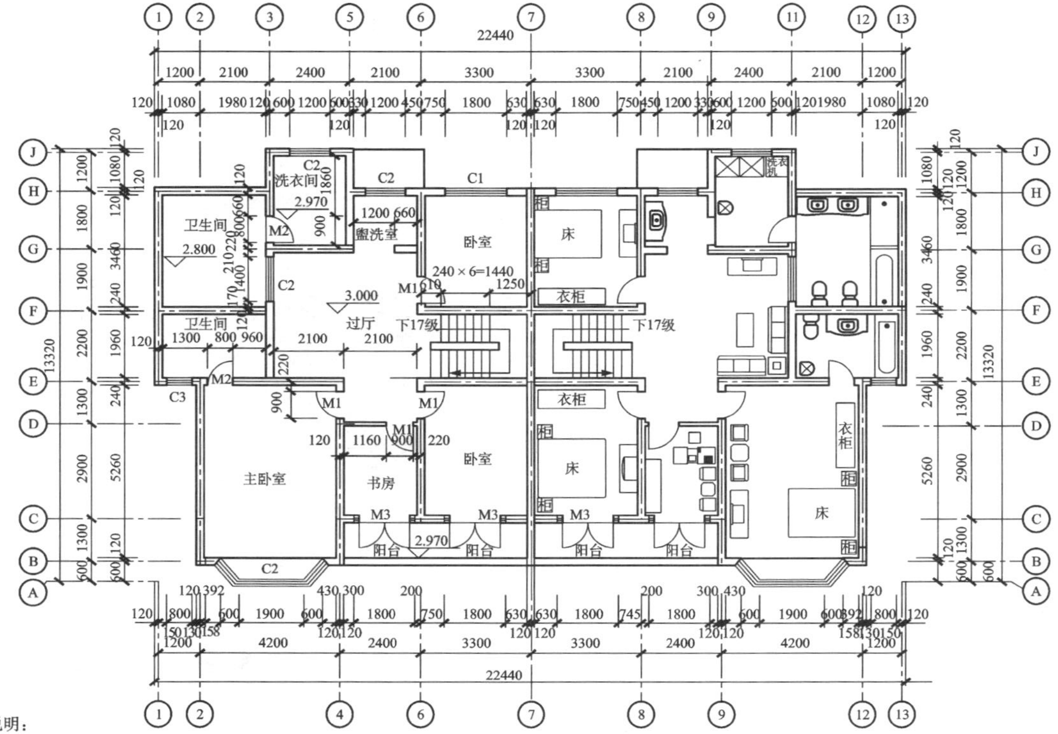

二层装饰说明：
1) 阳台、楼梯地面铺玻化防滑砖
2) 厨房、卫生间、洗衣间、盥洗室地面贴防滑地砖
3) 其余所有地面铺实木地板
4) 其余房间墙面批嵌腻子、刷乳胶漆
5) 所有的窗台做大理石窗台
6) 门均做实木门套、贴脸宽为70 mm
7) 房间顶棚做法见吊顶平面图

二层平面图　1:100
单位：mm

		工程总称		工程编号	
		项目			
设计	设计总负责	二层平面图		比例	1:100
绘图	审核			图号	饰施2
校对	审定			日期	

(b) 二层平面图

图 3-2-3　某建筑物一层平面图与二层平面图

表 3-2-7 墙面分部分项工程工程量计算式

序号	项目名称	工程量计算式

知识库

1. 请写出图 3-2-4 中楼地面面层对应的项目名称

图①

图②

图③

图④

图⑤

图⑥

图 3-2-4 各楼地面面层工程实例

图①__________ 图②__________ 图③__________

图④__________ 图⑤__________ 图⑥__________

2. 请根据文字描述内容选择对应的图片

(1) 内墙抹灰工程量计算时应扣除墙裙、门窗洞口及单个>0.3 m^2 的孔洞所占面积。图 3-2-5 中用于表示该项目的图号是__________。

(2) 不扣除踢脚线、挂镜线及≤0.3 m^2 的孔洞和墙与构件交接处的面积。图 3-2-5 中用于表示该项目的图号是__________。

（3）门窗洞口、孔洞的侧壁及顶面面积亦不增加。图 3-2-5 中用于表示该项目的图号是＿＿＿＿＿＿。

（4）附墙柱、梁、垛的侧面并入相应墙面、墙裙抹灰工程量内计算。图 3-2-5 中用于表示该项目的图号是＿＿＿＿＿＿。

图①

图②

图③

图④

图⑤

图 3-2-5　各工程面积计算实例

3.2.2　柱面装饰项目计量

任务布置

根据工程平面图及施工说明，完成柱面装饰定额子目的设置，并计算柱面装饰工程量。

知识准备

你知道吗？

◎ 柱面抹灰面层定额子目有哪些？

◎ 柱面块料面层定额子目有哪些？

◎ 柱饰面定额子目有哪些？

柱面面层的装饰包括三类：柱面抹灰面层、柱面块料面层和柱饰面层。

1. 墙面装饰的常用项目

柱面装饰项目应参照《上海市建筑和装饰工程预算定额（SH 01-31-2016）》。表 3-2-8 列出了柱面装饰的常用项目。

表 3-2-8 柱面装饰的常用项目

定额编号	项目名称	计量单位
01-12-2-1	一般抹灰 柱、梁面	m^2
01-12-2-2	柱、梁面找平层 15 mm 厚	m^2
01-12-2-3	柱、梁面找平层 每增减 5 mm	m^2
01-12-2-4	装饰抹灰柱、梁面 水刷石	m^2
01-12-2-5	装饰抹灰柱、梁面 斩假石	m^2
01-12-5-1	石材方柱面 干混砂浆挂贴	m^2
01-12-5-2	石材圆柱面 干混砂浆挂贴	m^2
01-12-5-3	石材方柱包圆柱面 干混砂浆挂贴	m^2
01-12-5-4	石材方柱面 干混砂浆铺贴	m^2
01-12-5-5	石材方柱面 黏合剂粘贴	m^2
01-12-5-6	石材方柱面 干挂	m^2
01-12-5-16	拼碎石材柱面 干混砂浆铺贴	m^2
01-12-5-22	玻化砖柱(梁)面 黏合剂粘贴	m^2
01-12-8-1	木龙骨 矩形柱(梁)面	m^2
01-12-8-2	木龙骨 圆形柱面	m^2
01-12-8-3	木龙骨 方柱包圆形柱面	m^2
01-12-8-6	柱(梁)面层 不锈钢板	m^2
01-12-8-8	柱面层 镭射玻璃	m^2
01-12-8-9	柱面层 镜面玻璃	m^2
01-12-8-13	装饰柱 木质	m
01-12-8-14	装饰柱 玻璃纤维增强石膏	m
01-12-8-15	装饰柱 石材	m

2. 定额说明

(1) 墙、柱、梁面及零星项目找平层定额仅适用于单独做找平层的项目。

(2) 墙、柱、梁面抹灰及镶贴块料定额子目不包括刷素水泥浆,刷素水泥浆执行本章墙、柱面刷素水泥浆定额子目。

(3) 墙、柱、梁饰面及隔断定额子目中的龙骨间距、规格如与设计不同,允许调整。

(4) 木龙骨基层定额按双向编制,如设计为单向时,人工、材料乘以系数 0.55。

(5) 柱饰面面层定额按矩形柱编制,如遇圆形,按相应柱饰面面层子目人工乘以系数1.10。

(6) 面层、隔柱(间壁)、隔断、护壁定额子目内，除特别注明外均未包括压边、收边、装饰线(板)，如设计要求时，按《上海市建筑和装饰工程预算定额》(SH 01-31-2016)“第十五章　其他装饰工程”相应定额子目执行。

(7) 如设计要求做防腐或防火处理，按《上海市建筑和装饰工程预算定额(SH 01-31-2016)》“第十四章　油漆、涂料、裱糊工程”相应定额子目执行。

3. 工程量计算规则

(1) 柱面抹灰按设计图示周长乘高度以面积计算。带牛腿的，牛腿工程量并入相应柱工程量内。其中柱面抹灰高度按室内地面或楼板面至上层板底计算。

(2) 梁面抹灰按设计图示梁断面周长乘长度以面积计算。其中梁面抹灰长度按柱间净长或者墙体间净长计算。

(3) 柱镶贴块料面层按设计图示饰面外围尺寸乘以高度以面积计算。带牛腿的，牛腿工程量展开计算并入相应柱工程量内。其中柱饰面外围尺寸包括结合层厚度和块料面层厚度，柱高度按室内地面或楼板面至上层板底计算。

(4) 梁镶贴块料面层按设计图示饰面外围尺寸乘以长度以面积计算。其中梁面抹灰长度按柱间净长或者墙体间净长计算。

(5) 柱(梁)饰面的龙骨、基层、面层均按设计图示饰面外围尺寸以面积计算。

(6) 成品装饰柱按设计图示以长度计算。

知识拓展

1. 定额说明

(1) 阳台、雨篷抹灰定额中已综合了底面、上面、侧面及悬臂梁等的全部抹灰面积。

(2) 抹灰及镶贴块料的“零星项目”适用于天沟、水平遮阳板、窗台板、压顶、池槽(镶贴块料)、花台、展开宽度大于300 mm的门窗套、挑檐、竖横线条以及面积小于或等于0.5 m^2的其他各种零星项目。

(3) 装饰线条适用于突出墙面且展开宽度小于或等于300 mm的门窗套、挑檐、竖横线条等抹灰。三道线以内为普通线条，三道线以外为复杂线条。

2. 工程量计算规则

(1) 阳台、雨篷抹灰按设计图示尺寸以水平投影面积计算。

(2) 垂直遮阳板、栏板(包括立柱，扶手或压顶等)抹灰按设计图示尺寸以垂直投影面积乘以系数2.2计算。

(3) 池槽抹灰及其他“零星项目”按设计图示尺寸以展开面积计算。

(4) 镶贴零星块料面层按设计图示饰面外围尺寸以展开面积计算。

举例说明

训练一：

图 3-2-6 为某建筑物底层平面图，该工程柱面装饰为 20 mm 厚 1∶2 水泥白石子水刷石面层，已知室内地坪标高±0.000 m，上层板面标高 3.600 m，板厚 120 mm，附墙柱截面尺寸 500 mm×500 mm，内柱截面尺寸 400 mm×400 mm，试计算该工程混凝土柱面层的工程量并编制项目预算书。

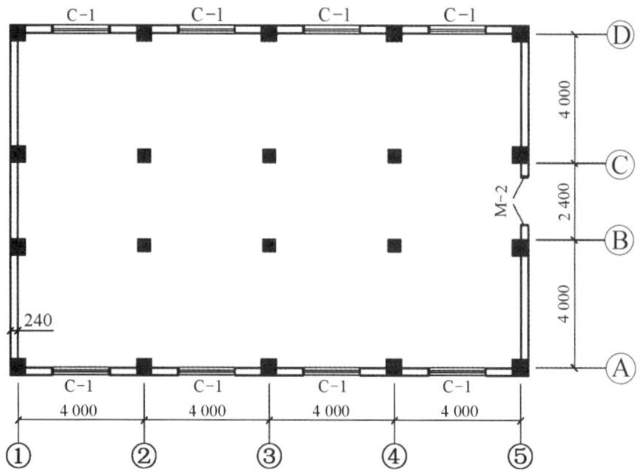

图 3-2-6　某建筑物底层平面图

【解】

1. 工程列项

根据《上海市建筑和装饰工程预算定额(SH 01-31-2016)》"第十二章 柱、柱面装饰与隔断、幕柱工程"进行列项。

2. 工程量计算

本工程柱面抹灰按设计图示周长乘高度以面积计算。柱面抹灰高度按室内地面或楼板面至上层板底计算。

(1) 柱面水刷石装饰抹灰工程量计算如下。

内柱截面周长＝0.4×4＝1.6 m

柱面抹灰高度＝3.6－0.12＝3.48 m

内柱共有 6 根

工程量＝1.6×3.48×6＝33.41 m^2

3. 编制预算书

根据预算书格式，编列该项目工程预算书，见表 3-2-9。

表 3-2-9　柱面分部分项工程预算书

序号	定额编号	项目名称	计量单位	工程数量
1	01-12-2-4	柱面水刷石装饰抹灰	m^2	33.41

训练二：

图 3-2-7 为柱身详图，该工程柱面分两种做法，5 根做一般抹灰 10 mm 厚 DPM15 底层，7 mm 厚 DPM15 面层，10 根做 20 mm 厚棕色大理石面层，5 mm 厚 DPM 20.0 干混抹灰砂浆粘贴。已知上层板厚 110 mm，柱共有 15 根。试计算该工程柱面面层项目的工程量并

编制项目预算书。

【解】

1. 工程列项

根据《上海市建筑和装饰工程预算定额(SH 01-31-2016)》“第十二章 柱、柱面装饰与隔断、幕柱工程”进行列项。

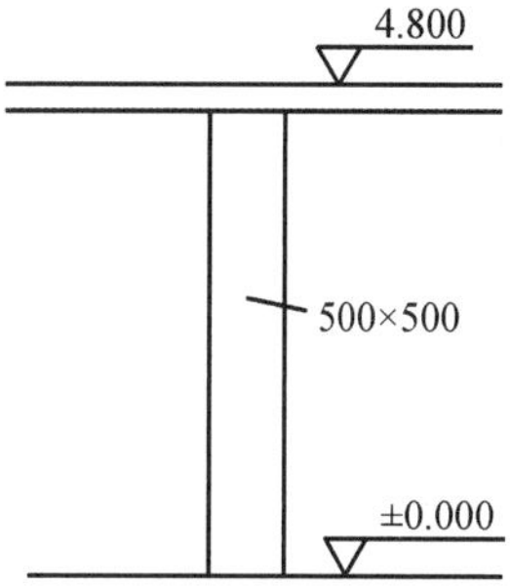

图 3-2-7　柱身详图

2. 工程量计算

本工程柱面镶贴块料面层，按设计图示饰面外围尺寸乘以高度以面积计算。其中柱饰面外围尺寸包括结合层厚度和块料面层厚度，柱高度按室内地面或楼板面至上层板底计算。

(1) 柱面抹灰面层工程量计算如下。

柱饰面周长＝0.5×4＝2 m

柱饰面高度＝4.8－0.11＝4.69 m

柱共有 5 根

工程量＝2×4.69×5＝46.9 m^2

(2) 柱面大理石面层，干混砂浆铺贴工程量计算如下。

柱饰面周长＝(0.5＋0.005×2)×4＝2.04 m

柱饰面高度＝4.8－0.11＝4.69 m

柱共有 10 根

工程量＝2.04×4.69×10＝95.68 m^2

3. 编制预算书

根据预算书格式，编列该项目工程预算书，见表 3-2-10。

表 3-2-10　柱面分部分项工程预算书

序号	定额编号	项目名称	计量单位	工程数量
1	01-12-2-1	柱面一般抹灰	m^2	46.9
2	01-12-5-4	石材方柱面，干混砂浆铺贴	m^2	95.68

技能训练

如图 3-2-8 所示一层平面图，结合《上海市建筑和装饰工程预算定额(SH 01-31-2016)》，计算该工程柱面装饰项目的工程量并编制项目预算书，填写表 3-2-11、表 3-2-12。

柱面装饰做法：50 mm×40 mm 木龙骨基层，10 mm 厚胶合板面层。

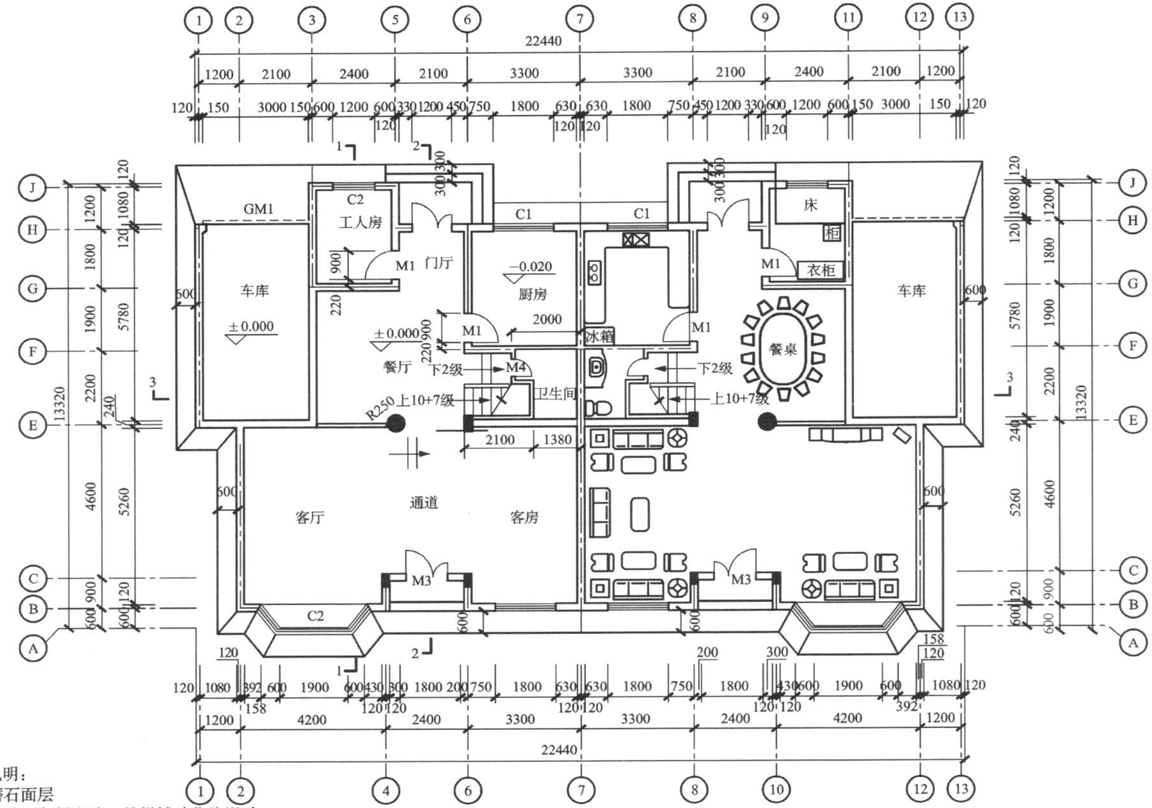

一层装饰说明：
1) 车库水磨石面层
2) 其余所有地面包括台阶、楼梯铺玻化防滑砖
3) 厨房、卫生间墙面贴瓷砖
4) 其余房间墙面批嵌腻子、刷乳胶漆
5) 所有的窗台做大理石窗台
6) 门均做实木门套、贴脸宽为70 mm
7) 房间顶棚做法见吊顶平面图

一层平面图　1:100
单位：mm

			工程总称		工程编号	
			项目			
设计		设计总负责	一层平面图		比例	1:100
绘图		审核			图号	饰施1
校对		审定			日期	

图 3-2-8　某建筑物一层平面图

表 3-2-11　柱面分部分项工程工程量计算式

序号	项目名称	工程量计算式

表 3-2-12　柱面分部分项工程预算书

序号	定额编号	项目名称	计量单位	工程数量

知识库

1. 请写出图 3-2-9 中柱面面层对应的项目名称

图 3-2-9　各柱面面层工程实例

图①__________　图②__________　图③__________　图④__________　图⑤__________

3.2.3 隔断及幕墙项目计量

任务布置

根据工程平面图及施工说明，完成隔断及幕墙定额子目的设置，并计算隔断及幕墙工程量。

知识准备

你知道吗？

◎ 幕墙的定额子目有哪些？

◎ 隔断的定额子目有哪些？

1. 隔断及幕墙的常用项目

隔断及幕墙（图 3-2-10）项目应参照《上海市建筑和装饰工程预算定额（SH 01-31-2016）》。表 3-2-13 列出了隔断及幕墙常用项目。

图 3-2-10 隔断及幕墙示例

表 3-2-13 隔断及幕墙常用项目

定额编号	项目名称	计量单位
01-12-9-1	幕墙基层 铝骨架	m^2
01-12-9-2	幕墙面层 节能安全玻璃	m^2
01-12-9-3	幕墙面层 铝（塑）板	m^2
01-12-9-4	幕墙 成品单元式	m^2
01-12-9-5	幕墙 防火隔离带（100×240）	m
01-12-9-6	全玻璃幕墙 挂式	m^2
01-12-9-7	全玻璃幕墙 点式	m^2
01-12-9-8	全玻璃幕墙 金属拉索式	m^2
01-12-10-1	花式硬木隔断 直栅漏空	m^2

（续表）

定额编号	项目名称	计量单位
01-12-10-2	花式硬木隔断 成品安装	m^2
01-12-10-3	铝合金条板隔断	m^2
01-12-10-4	铝合金玻璃隔断	m^2
01-12-10-5	硬木玻璃隔断 半玻璃	m^2
01-12-10-6	硬木玻璃隔断 全玻璃	m^2
01-12-10-7	无框玻璃隔断	m^2
01-12-10-8	塑钢隔断 半玻璃	m^2
01-12-10-9	塑钢隔断 全玻璃	m^2
01-12-10-10	浴厕间壁	m^2
01-12-10-11	可折叠式隔断	m^2
01-12-10-12	玻璃砖隔断 全砖	m^2
01-12-10-13	内衬隔音棉	m^2

2. 定额说明

（1）带骨架幕墙定额按幕墙骨架基层与幕墙面层分别编列子目。

（2）玻璃幕墙中的玻璃按成品玻璃考虑；幕墙已包含封边、封顶、四周收口；曲面、异形幕墙按相应定额子目的人工乘以系数 1.15。型材、挂件如设计用量与定额取定用量不同时，可以调整。玻璃幕墙工程量定额见表 3-2-14。

表 3-2-14　玻璃幕墙工程量定额

项目		单位	节能安全玻璃幕墙面层	节能安全玻璃幕墙面层(异形)
人工	幕墙工	工日	0.468 3	0.468 3×1.15=0.538 5
	其他工	工日	0.028 3	0.028 3×1.15=0.032 5
	人工工日	工日	0.496 6	0.571 0
材料	中空钢化夹层玻璃	m^2	1.050 0	1.050 0
	硅酮结构胶 500 ml	支	1.763 0	1.763 0
	硅酮耐候密封胶 592 ml	支	1.515 7	1.515 7
	厚质双面胶带	m	3.880 0	3.880 0
	密封胶条	m	1.648 0	1.648 0
	泡沫密封条 Φ18	m	2.123 0	2.123 0
	其他材料费	%	0.350 0	0.350 0
机械	电动吸盘	台班	0.161 4	0.161 4

(3) 幕墙饰面中的结构胶与耐候胶如设计用量与定额取定用量不同时，消耗量按设计计算用量加15%的施工损耗计算。

(4) 玻璃幕墙设计带有平、推拉窗者，并入幕墙面积计算，窗的型材用量可以调整。

(5) 玻璃幕墙型钢骨架，按墙饰面外墙型钢骨架子目执行。预埋铁件按《上海市建筑和装饰工程预算定额(SH 01-31-2016)》"第五章　混凝土及钢筋混凝土工程"相应定额子目执行。

3. 工程量计算规则

(1) 全玻幕墙按设计图示尺寸以面积计算，带肋全玻璃幕墙按展开面积计算。

(2) 带骨架玻璃幕墙、铝板幕墙按设计图示框外围尺寸以面积计算。与幕墙同种材质的窗并入相应幕墙面积内。

(3) 隔断按设计图示框外围尺寸以面积计算，扣除门窗洞及面积大于0.3 m^2 的孔洞所占面积。

(4) 全玻璃隔断如带肋者按其展开面积计算。

举例说明

训练一：

图3-2-11为某建筑物平面图，该工程玻璃幕墙采用铝合金骨架，间距800 mm，中空钢化夹层玻璃，厚150 mm，泡沫密封条密封，幕墙高度5.6 m，M1：1 500 mm×2 700 mm。试计算该工程幕墙项目的工程量并编制项目预算书。

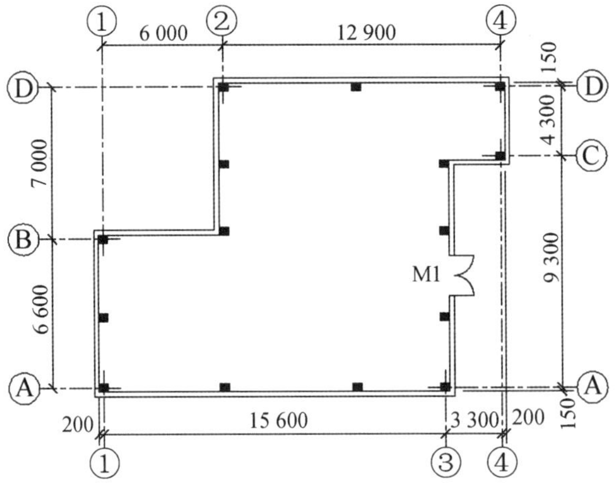

图3-2-11　某建筑物平面图

【解】

1. 工程列项

根据《上海市建筑和装饰工程预算定额(SH 01-31-2016)》"第十二章　墙、柱面装饰与隔断、幕墙工程”进行列项。

2. 工程量计算

本工程带骨架玻璃幕墙、铝板幕墙按设计图示框外围尺寸以面积计算。不扣除门窗洞口所占面积。

(1) 幕墙基层(铝合金骨架)工程量计算如下。

框外边线周长＝(15.6＋3.3＋0.2×2＋0.15×2＋9.3＋4.3＋0.15×2＋0.15×2)×2＝67.6 m

幕墙高度＝5.6 m

工程量＝67.6×5.6＝378.56 m^2

(2) 幕墙面层(中空钢化夹层玻璃)工程量计算如下。

工程量＝67.6×5.6＝378.56 m^2

3. 编制预算书

根据预算书格式，编列该项目工程预算书，见表 3-2-15。

表 3-2-15　墙面分部分项工程预算书

序号	定额编号	项目名称	计量单位	工程数量
1	01-12-9-1	幕墙基层，铝合金骨架	m^2	378.56
2	01-12-9-2	幕墙面层，中空钢化夹层玻璃	m^2	378.56

训练二：

图 3-2-12 为某建筑物底层平面图(局部)，该工程卫生间采用成品隔断，隔断高度 1 800 mm，厚度 50 mm，M2 尺寸：700 mm×1 500 mm。试计算该工程隔断项目的工程量并编制项目预算书。

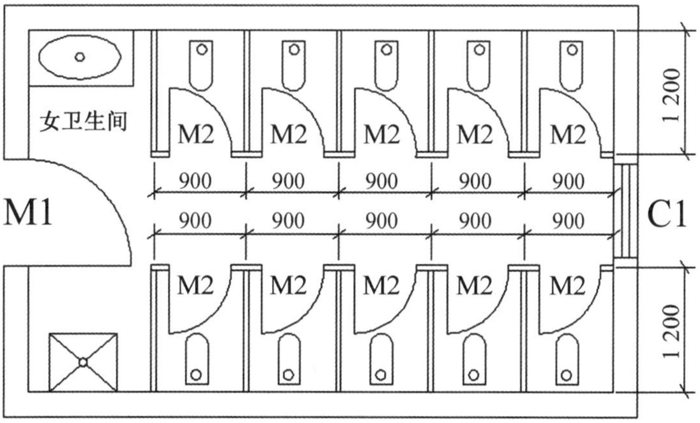

图 3-2-12　某建 2 筑物底层平面图(局部)

【解】

1. 工程列项

根据《上海市建筑和装饰工程预算定额(SH 01-31-2016)》"第十二章　墙、柱面装饰与隔断、幕墙工程"进行列项。

2. 工程量计算

本工程隔断按设计图示框外围尺寸以面积计算,扣除门窗洞及面积大于0.3 m^2 的孔洞所占面积。

卫生间成品隔断工程量计算如下。

框外围长度=[(0.9×5+0.025)+(1.2−0.025)×5]×2=20.8 m

隔断高度=1.8 m

隔断面积=20.8×1.8=37.44 m^2

扣除门面积:0.7×1.5×10=10.5 m^2

工程量=37.44−10.5=26.94 m^2

3. 编制预算书

根据预算书格式,编列该项目工程预算书,见表3-2-16。

表3-2-16　墙面分部分项工程预算书

序号	定额编号	项目名称	计量单位	工程数量
1	01-12-10-10	浴厕间壁,成品隔断	m^2	26.94

技能训练

如图3-2-13所示,餐厅和3书房隔断采用成品花式硬木隔断,请结合《上海市建筑和装饰工程预算定额(SH 01-31-2016)》,计算该工程隔断项目的工程量并编制项目预算书,填写表3-2-17、表3-2-18。

表3-2-17　隔断分部分项工程量计算式

序号	项目名称	工程量计算式

表3-2-18　隔断分部分项工程预算书

序号	定额编号	项目名称	计量单位	工程数量

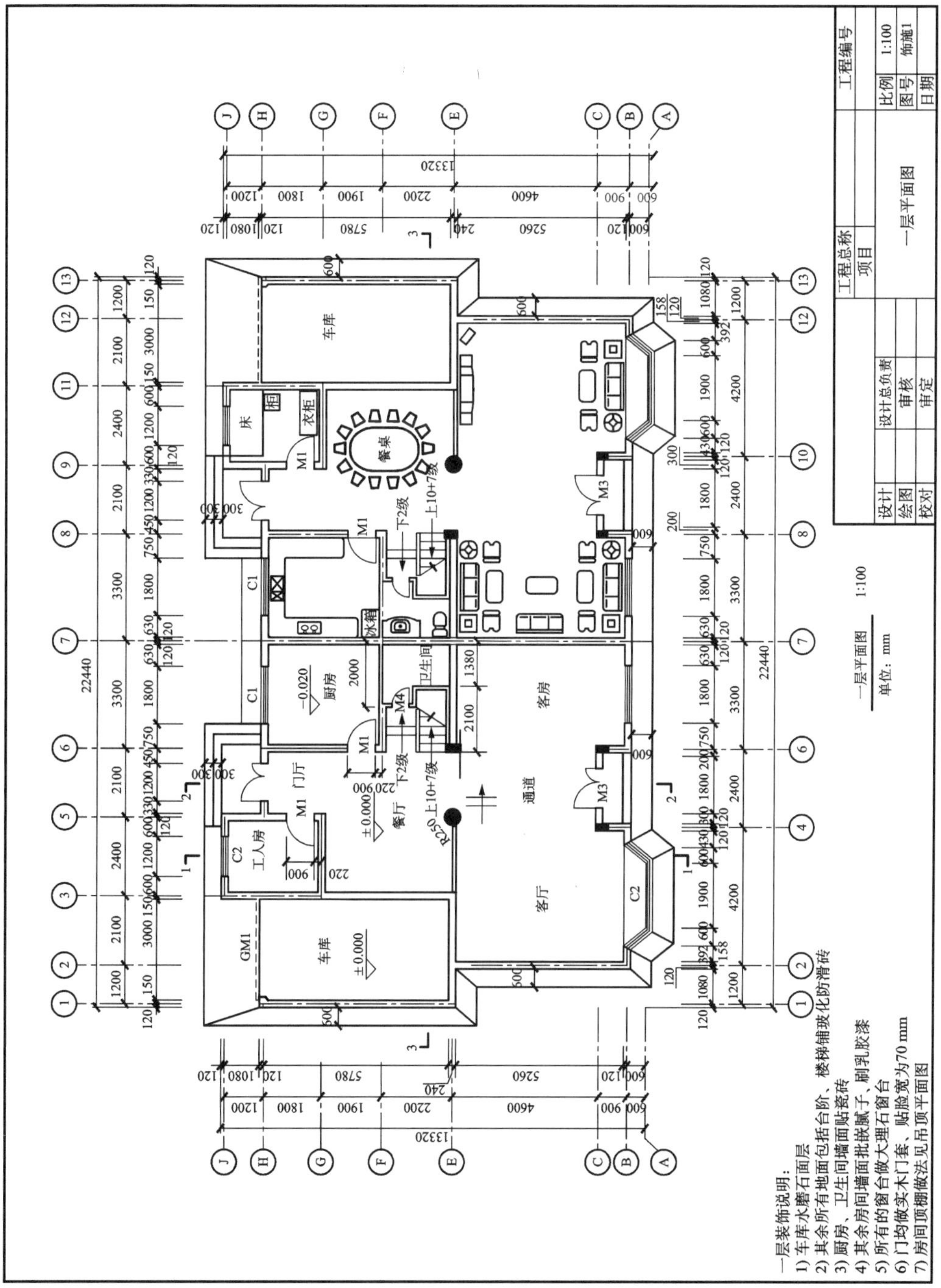

工程编号
比例 1:100
图号 饰施1
日期
工程总称
项目
一层平面图
设计总负责
审核
审定
设计
绘图
校对
一层平面图 1:100
单位：mm
车库
餐厅
厨房
客厅
客房
通道
门厅
工人房
卫生间
餐桌
衣柜
床
冰箱
一层装饰说明：
1) 车库水磨石面层
2) 其余所有地面包括台阶、楼梯铺玻化防滑砖
3) 厨房、卫生间墙面贴瓷砖
4) 其余房间墙面批腻子，刷乳胶漆
5) 所有的窗台做大理石窗台
6) 门均做实木门套，贴脸宽为70 mm
7) 房间顶棚做法见吊顶平面图

(a)

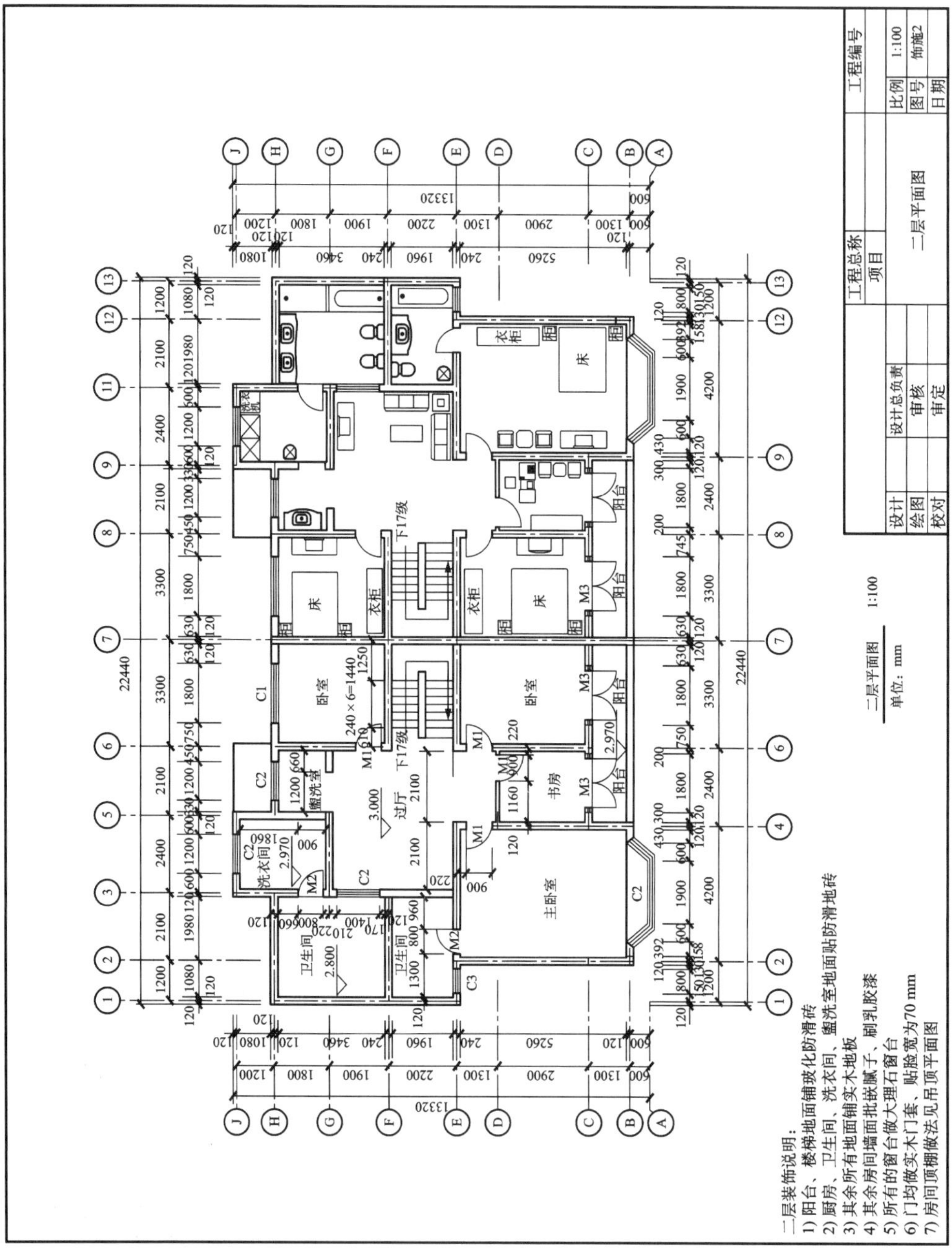

(b)

图 3-2-13　某建筑物一层平面图与二层平面图

知识库

请写出图 3-2-14 中幕墙、隔断对应的项目名称。

图①　图②　图③　图④

图 3-2-14　各幕墙、隔断工程实例

图①__________　图②__________　图③__________　图④__________

3.3　天棚工程定额计量

目标要求

通过本模块的学习，使学生认识《上海市建筑和装饰工程预算定额(SH 01-31-2016)》中天棚装饰工程的定额子目设置方法和工程量计算方法；能结合装饰工程施工图及施工要求，列出相应天棚工程项目名称并计算工程量。

3.3.1　天棚抹灰项目计量

任务布置

根据工程平面图及施工说明，完成天棚抹灰定额子目的设置，并计算天棚抹灰工程量。

知识准备

你知道吗?

◎ 天棚装饰有哪些类型?

◎ 天棚抹灰定额子目有哪些?

天棚工程的装饰定额分为四类:天棚抹灰、吊顶天棚、采光天棚和天棚其他装饰。

1. 天棚抹灰的常用项目

天棚抹灰项目应参照《上海市建筑和装饰工程预算定额(SH 01-31-2016)》。表 3-3-1 列出了天棚抹灰常用项目。

表 3-3-1 天棚抹灰常用项目

定额编号	项目名称	计量单位
01-13-1-1	混凝土天棚 一般抹灰 7 mm 厚	m^2
01-13-1-2	混凝土天棚 拉毛	m^2
01-13-1-3	钢板网天棚 一般抹灰	m^2
01-13-1-4	板条天棚 一般抹灰	m^2
01-13-1-5	混凝土天棚 满批石膏浆 3 mm 厚	m^2
01-13-1-6	混凝土天棚 满批石膏浆 每增 1 mm	m^2
01-13-1-7	混凝土天棚 界面砂浆	m^2

2. 定额说明

(1) 天棚抹灰子目中的砂浆配合比与设计不同者,可以调整。砂浆按中级标准,抹灰砂浆分层厚度及砂浆种类详见表 3-3-2。

表 3-3-2 天棚抹灰分层厚度及砂浆种类

单位: mm

项目	底层		面层		总厚度
	砂浆	厚度	砂浆	厚度	
水泥砂浆 一次抹面			干混抹灰砂浆 DP M10.00	7	7
钢板网	干混抹灰砂浆 DP M10.00	9	干混抹灰砂浆 DP M10.00	7	16
板条面	干混抹灰砂浆 DP M10.00	9	干混抹灰砂浆 DP M10.00	7	16

(2) 楼梯底面抹灰按本章天棚相应定额子目执行,其中锯齿形楼梯底面抹灰按相应定额子目的人工乘以系数 1.35。

3. 工程量计算规则

(1) 天棚抹灰按设计图示尺寸以水平投影面积计算。不扣除间壁墙、垛、柱、检查口和管道所占的面积。

(2) 带梁天棚的梁两侧抹灰面积及檐口天棚的抹灰面积并入天棚抹灰工程量内计算。

(3) 板式楼梯底面抹灰按斜面积计算;锯齿形楼梯底板抹灰按展开面积计算。

(4) 界面砂浆涂刷按实际面积计算。

注:按设计图示尺寸以面积计算即为按室内净面积计算。

举例说明

训练一:

图 3-3-1 为某建筑物底层平面图,该工程天棚装饰面层为干混砂浆面层,试计算该天棚面层项目的工程量并编制项目预算书(已知墙体厚度 240 mm,板厚 120 mm)。

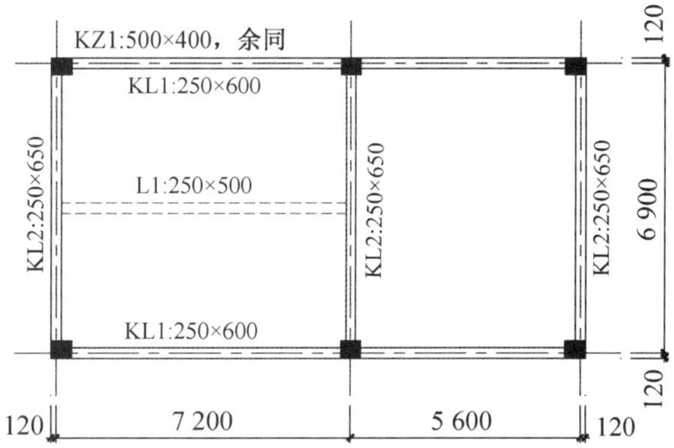

图 3-3-1　某建筑物底层平面图

【解】

1. 工程列项

根据《上海市建筑和装饰工程预算定额(SH 01-31-2016)》"第十三章　天棚工程"进行列项。

2. 工程量计算

本工程按设计图示尺寸以水平投影面积计算(即室内净面积)。不扣除间壁墙、垛、柱、检查口和管道所占的面积。

天棚干混砂浆抹灰面层工程量计算如下。

左房间净长=7.2−0.24=6.96 m

左房间净宽=6.9−0.24=6.66 m

左房间净面积=6.96×6.66=46.35 m^2

左边房间天棚为带梁天棚,梁 L1 两侧抹灰面积并入天棚抹灰工程量内计算如下。

梁 L1 侧面净长=7.2−0.13−0.125=6.95 m

净高=0.5−0.12=0.38 m

梁 L1 侧面抹灰面积=6.95×0.38×2=5.28 m^2

右房间净长＝6.9－0.24＝6.66 m

右房间净宽＝5.6－0.24＝5.36 m

右房间净面积＝5.36×6.66＝35.70 m^2

工程量＝46.35＋5.28＋35.70＝87.33 m^2

3. 编制预算书

根据预算书格式，编列该项目工程预算书，见表 3-3-3。

表 3-3-3　墙面分部分项工程预算书

序号	定额编号	项目名称	计量单位	工程数量
1	01-13-1-1	混凝土天棚抹灰	m^2	87.33

训练二：

某商店平面如图 3-3-2 所示，天棚做法：干混砂浆一次抹面，试计算该工程天棚抹灰的工程量并编制项目预算书。

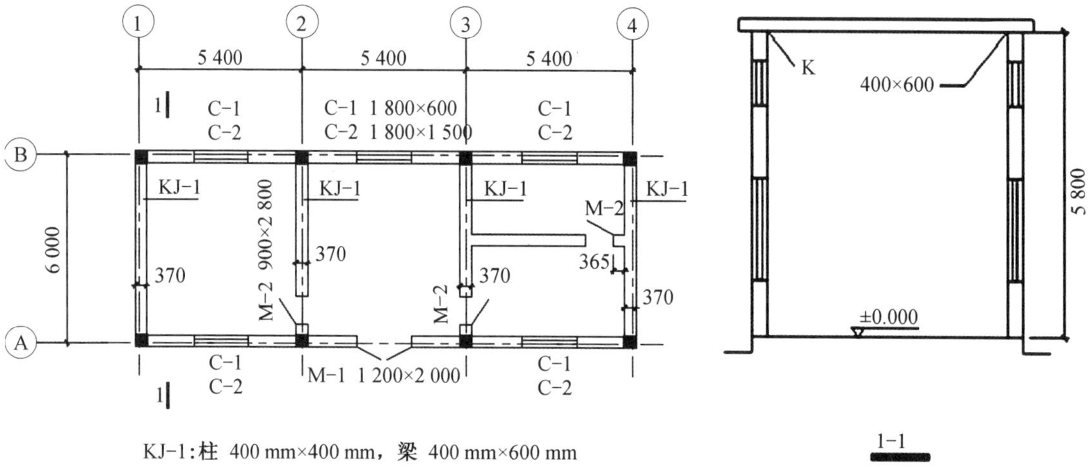

图 3-3-2　某商店平面图

【解】

1. 工程列项

根据《上海市建筑和装饰工程预算定额(SH 01-31-2016)》“第十三章　天棚工程”进行列项。

2. 工程量计算

本工程按设计图示尺寸以水平投影面积计算(即室内净面积)。不扣除间壁墙、垛、柱、检查口和管道所占的面积。

板底：

(5.4－0.17－0.185)×(6－0.34)＋(5.4－0.37)×(6－0.34)＋(5.4－0.17－0.185)

×(6−0.34−0.37)=83.71 m^2

3. 编制预算书

根据预算书格式，编列该项目的工程预算书，见表 3-3-4。

表 3-3-4　天棚抹灰工程预算书

序号	定额编号	项目名称	计量单位	工程数量
1	01-13-1-1	混凝土天棚抹灰	m^2	83.71

技能训练

结合《上海市建筑和装饰工程预算定额(SH 01-31-2016)》，按底层平面图 3-3-3，列出天棚抹灰项目名称并计算工程量，填写表 3-3-5、表 3-3-6。

施工方法： 现浇混凝土板，基层处理，107 胶素水泥浆找平，养护，满刮石膏腻子，石灰砂浆粉面。

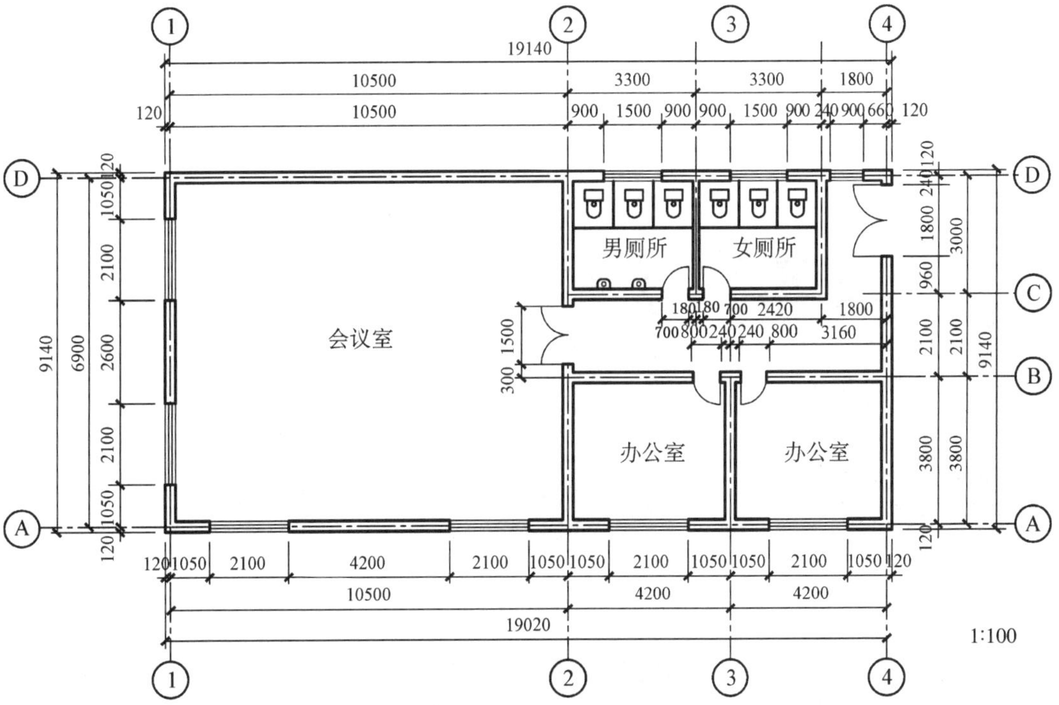

图 3-3-3　底层平面图

表 3-3-5　天棚分部分项工程量计算式

序号	项目名称	工程量计算式

表 3-3-6　天棚分部分项工程预算书

序号	定额编号	项目名称	计量单位	工程数量

知识库

1. 图 3-3-4 中的天棚称为__________天棚，L 两侧的抹灰面积计入__________工程的工程量内。

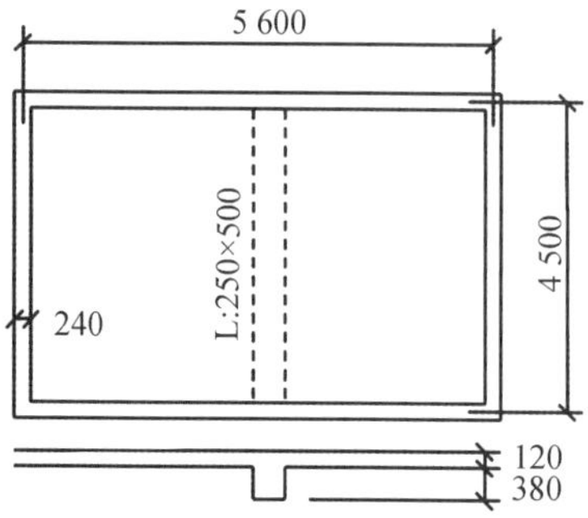

图 3-3-4　某天棚平面结构图

2. 在图 3-3-5 中，该部位的抹灰面积并入天棚内计算的是____________________。

图①　挑廊板底抹砂浆

图②　楼梯板底抹砂浆

图③　挑檐天沟底抹石灰砂浆

图④　雨篷板底抹砂浆

图⑤　墙上梁侧面抹砂浆

图⑥　阳台板底抹砂浆

图 3-3-5　各工程部位抹灰工程实例

3.3.2　天棚吊顶项目计量

任务布置

根据工程平面图及施工说明，完成吊顶天棚定额子目的设置，并计算吊顶天棚工程量。

知识准备

你知道吗？

◎ 吊顶天棚装饰有哪些类型？

◎ 吊顶天棚定额子目有哪些？

吊顶天棚的装饰包括龙骨基层、天棚基层和天棚面层。其中龙骨基层按照材料的不同分为木龙骨、轻钢龙骨和铝合金龙骨。

1. 吊顶天棚的常用项目

吊顶天棚项目应参照《上海市建筑和装饰工程预算定额(SH 01-31-2016)》。表 3-3-7 列出了吊顶天棚常用项目。

表 3-3-7　吊顶天棚常用项目

定额编号	项目名称	计量单位
01-13-2-1	方木天棚龙骨 中距 300 mm	m^2
01-13-2-2	方木天棚龙骨 中距 450 mm	m^2
01-13-2-3	U 型轻钢天棚龙骨 300 mm×300 mm 平面	m^2
01-13-2-4	U 型轻钢天棚龙骨 450 mm×450 mm 平面	m^2
01-13-2-5	U 型轻钢天棚龙骨 300 mm×300 mm 跌级	m^2
01-13-2-6	U 型轻钢天棚龙骨 450 mm×450 mm 跌级	m^2
01-13-2-7	U 型轻钢天棚龙骨 艺术造型天棚 矩形	m^2
01-13-2-8	U 型轻钢天棚龙骨 艺术造型天棚 阶梯形	m^2
01-13-2-9	U 型轻钢天棚龙骨 艺术造型天棚 圆型	m^2
01-13-2-10	U 型轻钢天棚龙骨 艺术造型天棚 弧拱型	m^2
01-13-2-11	铝合金龙骨 T 型天棚龙骨 600 mm×600 mm 内 平面	m^2
01-13-2-12	铝合金龙骨 T 型天棚龙骨 600 mm×600 mm 外 平面	m^2
01-13-2-13	铝合金龙骨 T 型天棚龙骨 600 mm×600 mm 内 跌级	m^2
01-13-2-14	铝合金龙骨 T 型天棚龙骨 600 mm×600 mm 外 跌级	m^2
01-13-2-15	铝合金方板天棚龙骨 600 mm×600 mm 内	m^2
01-13-2-16	铝合金方板天棚龙骨 600 mm×600 mm 外	m^2
01-13-2-17	铝合金条板天棚龙骨	m^2

（续表）

定额编号	项目名称	计量单位
01-13-2-18	铝合金挂片式天棚龙骨 间距 150 mm 以内	m^2
01-13-2-19	基层 胶合板	m^2
01-13-2-20	面层 板条	m^2
01-13-2-21	面层 钢板网	m^2
01-13-2-22	面层 薄板面	m^2
01-13-2-23	面层 单层清水板条	m^2
01-13-2-24	面层 竹片	m^2
01-13-2-25	面层 胶合板穿孔面板	m^2
01-13-2-26	面层 水泥压木丝板	m^2
01-13-2-27	面层 胶合板	m^2
01-13-2-28	面层 木质装饰板 密铺	m^2
01-13-2-29	面层 木质装饰板 花式	m^2
01-13-2-30	面层 纸面石膏板	m^2
01-13-2-31	面层 增加一层纸面石膏板	m^2
01-13-2-32	面层 石膏复合装饰板	m^2
01-13-2-33	面层 矿棉板	m^2
01-13-2-34	面层 铝板网	m^2
01-13-2-35	面层 塑铝板	m^2
01-13-2-36	面层 不锈钢面层	m^2
01-13-2-37	面层 阻燃聚丙烯板	m^2
01-13-2-38	面层 镜面玲珑板	m^2
01-13-2-39	面层 铝合金方板 嵌入式	m^2
01-13-2-40	面层 铝合金条板 闭缝	m^2
01-13-2-41	面层 铝合金条板 开缝	m^2
01-13-2-42	面层 铝合金挂片 条型 间距 100 mm	m^2
01-13-2-43	面层 铝合金挂片 条型 间距 150 mm	m^2
01-13-2-44	面层 铝合金扣板	m^2
01-13-2-45	面层 空腹 PVC 扣板	m^2
01-13-2-46	面层 彩绘玻璃 浮搁式	m^2
01-13-2-47	面层 彩绘玻璃 贴在基层板上	m^2
01-13-2-48	面层 镭射玻璃 贴在基层板上	m^2

（续表）

定额编号	项目名称	计量单位
01-13-2-49	面层 镜面玻璃 贴在基层板上	m^2
01-13-2-50	灯片 搁放式 有机灯片	m^2
01-13-2-51	灯片 搁放式 玻璃纤维板	m^2
01-13-2-52	格栅天棚 木方格	m^2
01-13-2-53	格栅天棚 铝骨架铝条	m^2
01-13-2-54	格栅天棚 直条形铝格栅	m^2
01-13-2-55	格栅天棚 多边形空腹铝格栅	m^2
01-13-2-56	铝合金筒型天棚 方筒型 600 mm×600 mm	m^2
01-13-2-57	铝合金筒型天棚 圆筒型 Φ600 mm	m^2
01-13-2-58	藤条造型悬挂吊顶	m^2
01-13-2-59	织物软雕吊顶	m^2
01-13-2-60	软膜吊顶 矩形	m^2
01-13-2-61	软膜吊顶 圆形	m^2
01-13-2-62	装饰网架天棚	m^2

2. 定额说明

(1) 天棚龙骨、基层、面层除定额注明合并编列子目外，其余天棚的龙骨、基层、面层均分别编列子目。

(2) 龙骨的种类、间距、规格和基层、面层材料的型号、规格是按常用材料和常用做法考虑的，如设计要求不同时，可以调整材料，人工、机械不变。

① 木龙骨天棚定额的大龙骨规格为 50 mm×70 mm，中、小龙骨为 50 mm×50 mm，木吊筋为 50 mm×50 mm，定额以方木龙骨双层木楞为准。

② 天棚面层在同一标高的平面上为平面天棚，天棚面层不在同一标高的平面上，且高差在 400 mm 以下或三级以内为跌级天棚。

③ 艺术造型天棚轻钢龙骨定额适用于高差在 400 mm 以上或三级以外及圆弧形、拱形等造型天棚。

④ 轻钢龙骨、铝合金龙骨定额子目为双层双向结构，即中、小龙骨紧贴大龙骨底面吊挂。如为单层结构，即大、中龙骨底面在同一水平上时，人工乘以系数 0.85。

⑤ 定额中吊筋均以后期施工在混凝土板上钻洞、挂筋为准。

⑥ 阶梯形天棚轻钢龙骨安装如为弧线形者，按其直线形定额子目人工乘以系数 1.10，锯齿形天棚轻钢龙骨安装按阶梯形天棚定额执行。

(3) 铝合金 T 型龙骨、铝合金方板龙骨、铝合金条板龙骨定额子目已包括全部龙骨和配件等的安装内容。

① 定额子目中的主材仅包括轻钢大龙骨和大龙骨垂直吊挂件的消耗量。

② 其他配套使用的中龙骨、小龙骨、边龙骨及接插件、吊挂件等配件的消耗量均计入相应面层定额内。

(3) 天棚基层及面层如为拱形、圆弧形等曲面时，按相应天棚基层及面层定额的人工乘以系数 1.15，灯带(槽)制作安装另按本章相应定额子目执行。

(4) 天棚检查孔的工料已包括在相应定额子目内，不另计算。

(5) 吊筒吊顶定额已综合了龙骨、基层、面层的工作内容；铝合金圆筒型、方筒型天棚分别按 Φ60 mm 及 600 mm×600 mm 规格为准。

(6) 藤条造型、织物软雕、装饰网架的定额按成品考虑编制。

(7) 天棚压条、装饰线条按《上海市建筑和装饰工程预算定额(SH 01-31-2016)》“第十五章　其他装饰工程”相应定额子目执行

(8) 龙骨、基层等涂刷防火涂料或防腐油按《上海市建筑和装饰工程预算定额(SH 01-31-2016)》“第十四章　油漆、涂料、裱糊工程”相应定额子目执行。

3. 工程量计算规则

(1) 天棚龙骨按主墙间水平投影面积计算，不扣除间壁墙、垛、柱、检查口和管道所占面积，扣除单个面积大于 0.3 m^2 的空洞、独立柱及与天棚相连的窗帘盒所占面积。斜面龙骨按斜面计算。

(2) 天棚吊顶的基层和装饰面层按设计图示尺寸以展开面积计算，不扣除间壁墙、垛、柱、检查口和管道所占面积，扣除单个面积大于 0.3 m^2 的空洞、独立柱及与天棚相连的窗帘盒所占面积。

(3) 格栅吊顶、藤条造型悬挂吊顶、织物软雕吊顶和装饰网架吊顶，按设计图示尺寸以水平投影面积计算。

(4) 吊筒吊顶以设计图示最大外围水平投影尺寸，按外接矩形面积计算。

举例说明

训练一：

图 3-3-6 为某建筑物底层平面图，该工程客厅、卧室天棚的做法：平面轻钢龙骨(U 型)吊顶，300 mm×300 mm，纸面石膏板面层；卫生间和厨房天棚做法：方木龙骨吊顶，间距为 300 mm，塑铝板吊顶面层。要求列项并计算吊顶天棚的工程量(已知墙体厚度 240 mm)，并编制工程预算书。

【解】

1. 工程列项

根据《上海市建筑和装饰工程预算定额(SH 01-31-2016)》“第十三章　天棚工程”进行列项。

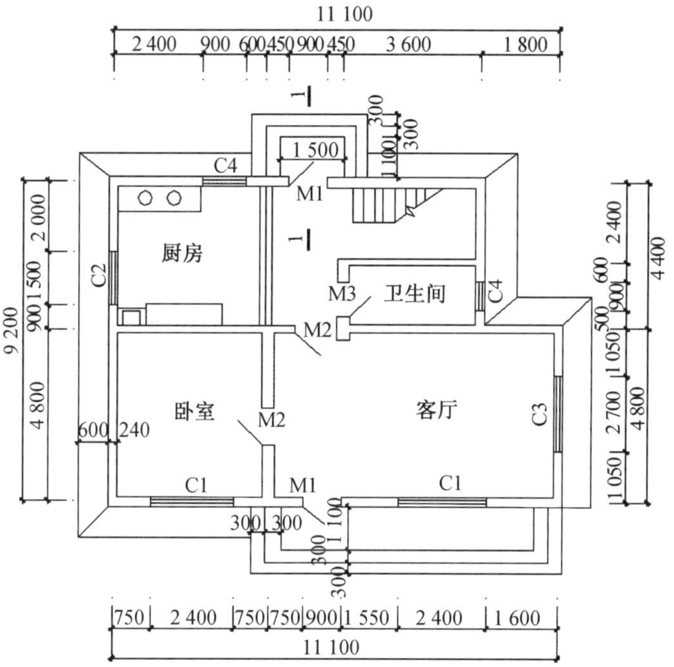

图 3-3-6　某建筑物底层平面图

2. 工程量计算

本工程按主墙间水平投影面积计算。

(1) U 型轻钢天棚龙骨工程量计算如下。

客厅净长＝2.4＋1.6＋1.55＋0.9＋0.75－0.24＝6.96 m

客厅净宽＝4.8－0.24＝4.56 m

客厅净面积＝6.96×4.56＝31.74 m^2

卧室净长＝4.8－0.24＝4.56 m

卧室净宽＝0.75＋0.75＋2.4－0.24＝3.66 m

卧室净面积＝4.56×3.66＝16.69 m^2

工程量＝31.74＋16.69＝48.43 m^2

(2) 纸面石膏板工程量计算如下。

工程量计算同 U 型轻钢龙骨＝48.43 m^2

(3) 方木龙骨工程量计算如下。

卫生间净长＝3.6－0.24＝3.36 m

卫生间净宽＝2－0.24＝1.76 m

卫生间净面积＝3.36×1.76＝5.91 m^2

厨房净长＝4.4－0.24＝4.16 m

厨房净宽＝3.9－0.24＝3.66 m

厨房净面积＝4.16×3.66＝15.23 m^2

工程量＝5.91＋15.23＝21.14 m^2

(4) 塑铝板工程量计算如下。

工程量计算同纸面石膏板＝21.14 m^2

3. 编制预算书

根据预算书格式，编列该项目工程预算书，见表 3-3-8。

表 3-3-8　天棚分部分项工程预算书

序号	定额编号	项目名称	计量单位	工程数量
1	01-13-2-3	U 型轻钢天棚龙骨 平面 300 mm×300 mm	m^2	48.43
2	01-13-2-30	纸面石膏板	m^2	48.43
3	01-13-2-1	方木龙骨 中距 300 mm	m^2	21.14
4	01-13-2-35	塑铝板	m^2	21.14

技能训练

按平面图 3-3-7，列出天棚工程相应的项目名称并计算工程量，编制对应工程预算书，填写表 3-3-9、表 3-3-10。

施工方法：卧室做木龙骨基层中距 450 mm×450 mm，装饰石膏板面层；厨房、卫生间做 U 型轻钢龙骨基层中距 450 mm×450 mm，铝合金条板面，要求闭缝安装。

表 3-3-9　天棚吊顶分部分项工程量计算式

序号	定额编号	项目名称	工程量计算式

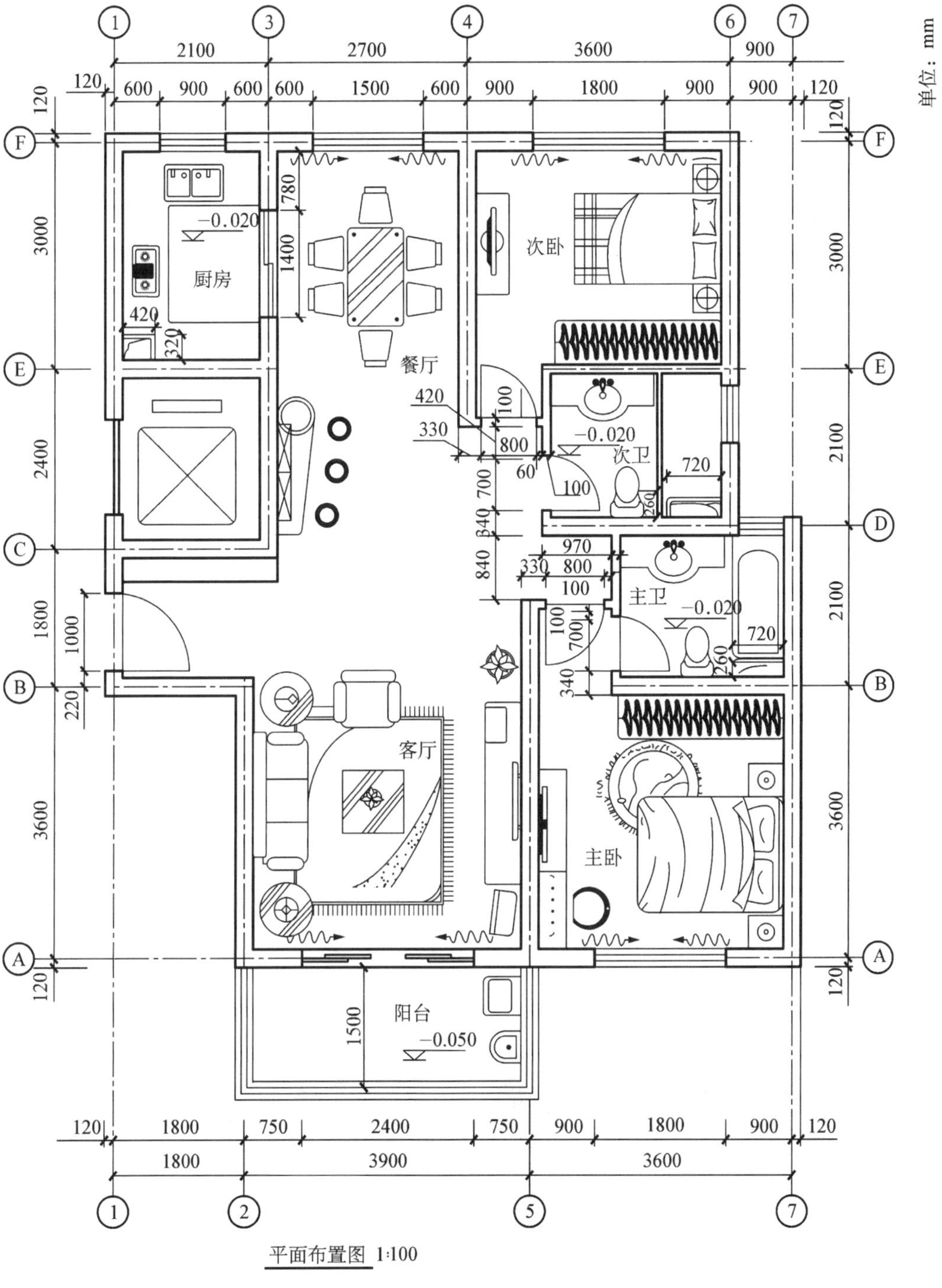

图 3-3-7　某建筑物平面图

表 3-3-10　天棚吊顶分部分项工程预算书

序号	定额编号	项目名称	计量单位	工程数量

知识库

1. 图 3-3-8 中，在计算天棚吊顶工程量时，＿＿＿＿＿＿需要扣除窗帘盒所占面积。

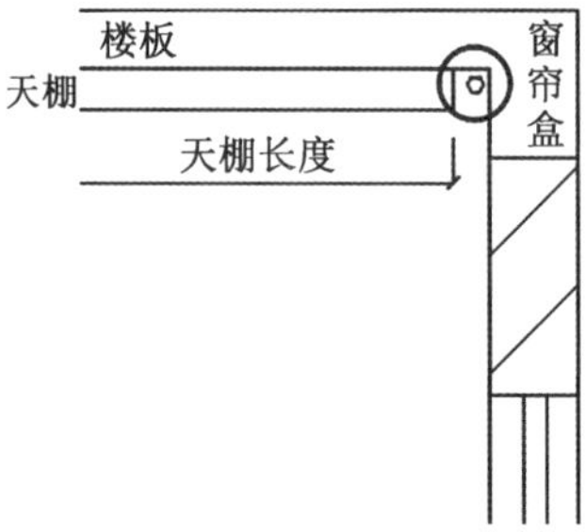

图①

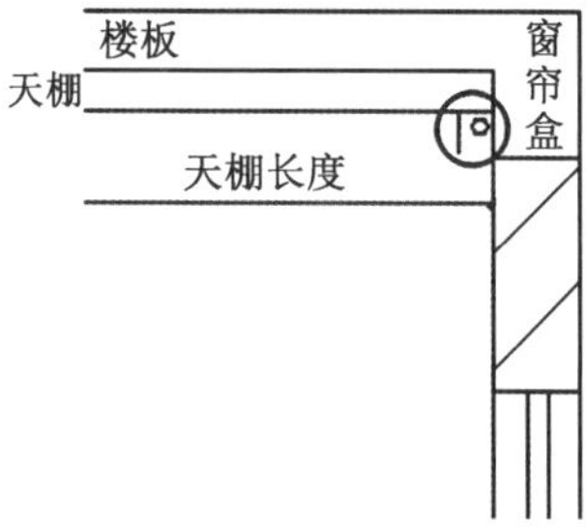

图②

图 3-3-8　天棚吊顶工程示意图

2. 请写出图 3-3-9 中天棚龙骨对应的项目名称。

图①

图②

图③

图 3-3-9　各天棚龙骨工程实例

图①＿＿＿＿＿＿　图②＿＿＿＿＿＿　图③＿＿＿＿＿＿

3.3.3　天棚其他装饰项目计量

任务布置

根据工程平面图及施工说明，完成天棚其他装饰定额子目的设置，并计算天棚其他装饰工程量。

知识准备

你知道吗？

◎ 采光天棚定额子目有哪些？

◎ 灯带（槽）定额子目有哪些？

其他天棚装饰包括采光天棚和灯带（槽）。

1. 采光天棚的常用项目

采光天棚项目应参照《上海市建筑和装饰工程预算定额（SH 01-31-2016）》。表 3-3-11 列出了采光天棚的常用项目。

表 3-3-11　采光天棚的常用项目设置

定额编号	项目名称	计量单位
01-13-3-1	中空玻璃采光天棚 钢结构	m^2
01-13-3-2	中空玻璃采光天棚 铝结构	m^2

2. 灯带（槽）的常用项目

灯带（槽）项目应参照《上海市建筑和装饰工程预算定额（SH 01-31-2016）》。表 3-3-12 列出了灯带（槽）常用项目。

表 3-3-12　灯带（槽）常用项目

定额编号	项目名称	计量单位
01-13-4-1	悬挑式灯槽 直形 细木工板面	m^2
01-13-4-2	悬挑式灯槽 弧形 胶合板面	m^2
01-13-4-3	附加式灯槽	m^2
01-13-4-4	送（回）风口	个
01-13-4-5	天棚开灯 灯光孔、风口，每个面积在 0.04 m^2 以内	个
01-13-4-6	天棚开灯 灯光孔、风口，每个面积在 0.5 m^2 以内	个
01-13-4-7	天棚开灯 格栅灯带	m

3. 定额说明

（1）采光天棚骨架及面层材料如设计与定额不同时可以换算，其他不变。

（2）开灯光孔、风口定额以方形为准，若为圆形，则人工乘以系数 1.3。

（3）送风口、回风口定额按方形风口 380 mm×380 mm 编制。若方形风口尺寸在

380 mm×380 mm 以上，人工乘以系数 1.25；若方形风口周长在 1 600～2 000 mm，人工乘以系数 1.25；若方形风口周长在 2 000 mm 以上，人工乘以系数 1.50；若为圆形风口则人工乘以系数 1.3。

4. 工程量计算规则

(1) 采光天棚按设计图示最大外围水平投影面积计算(图 3-3-10)。

(2) 灯带(槽)按设计图示尺寸以框外围面积计算(图 3-3-11)。

(3) 送风口、回风口及灯光孔按设计图示数量以个计算。

(4) 格栅灯带开孔按设计图示尺寸以长度计算。

图 3-3-10 采光天棚示例

图 3-3-11 灯带(槽)示例

举例说明

训练一：

某酒店为庆祝一宴会，安装铝合金灯带，如图 3-3-12 所示，求其工程量并编制项目预算书。

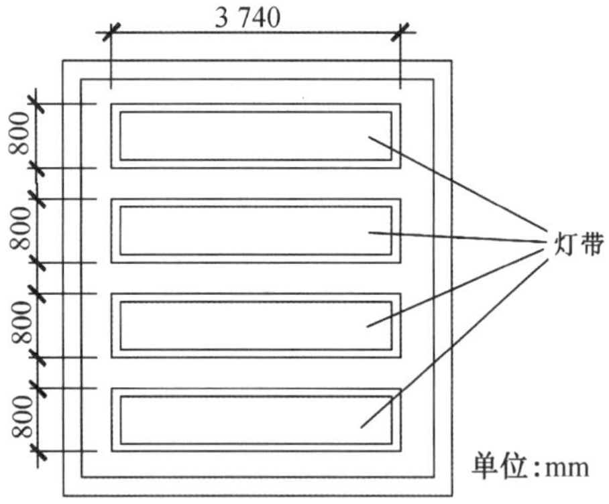

图 3-3-12 某酒 2 店灯带安装平面图

【解】

1. 工程列项

根据《上海市建筑和装饰工程预算定额(SH 01-31-2016)》“第十三章　天棚工程”进行列项。

2. 工程量计算

本工程按设计图示尺寸以框外围面积计算。

工程量＝$3.74\times0.8\times4=11.97\ m^2$

3. 编制预算书

根据预算书格式，编列该项目工程预算书，见表 3-2-13。

表 3-2-13 天棚分部分项工程预算书

序号	定额编号	项目名称	计量单位	工程数量
1	01-13-4-3	附加式灯槽	m^2	11.97

3.4　门窗工程定额计量

目标要求

通过本模块的学习，学生认识《上海市建筑和装饰工程预算定额(SH 01-31-2016)》中门窗工程的定额子目设置方法和工程量计算方法；能结合装饰工程施工图及施工要求，列出相应门窗工程项目名称并计算工程量。

门窗工程包括：木门、金属门、金属卷帘(闸)门厂库房大门、特种门、其他门、金属窗、门钢架、门窗套、窗台板、窗帘、窗帘盒、轨、门窗五金。

3.4.1　木门项目计量

任务布置

根据工程平面图及施工说明，完成木门定额子目的设置，并计算木门工程量。

知识准备

你知道吗?

◎ 木门装饰有哪些类型?

◎ 木门工程定额子目有哪些?

1. 木门工程的常用项目

木门工程常用项目应参照《上海市建筑和装饰工程预算定额(SH 01-31-2016)》。表 3-4-1 列出了木门工程常用项目。

表 3-4-1　木门工程常用项目

序号	定额编号	项目名称	计量单位
1	01-8-1-1	成品木门扇安装	m^2
2	01-8-1-2	成品木门框安装	m
3	01-8-1-3	成品套装木门安装—单扇门	樘
4	01-8-1-4	成品套装木门安装—双扇门	樘
5	01-8-1-5	成品套装木门安装—子母门	樘
6	01-8-1-6	成品纱门窗安装	m^2
7	01-8-1-7	木质防火门安装	m^2

注：

(1) 定额项目划分：成品木门扇安装、成品木门框安装、成品套装木门安装、成品纱门窗安装、木质防火门安装。

(2) 材质划分。

① 镶板门扇：镶板门又称冒头门，框档门，是指由边梃、上冒头、中冒头、下冒头组成门扇骨架，内镶门芯板构成的门。

② 夹板门扇：是指门芯板用整块夹板(例如三夹板)置于门梃双面裁口内，并在门扇的双面有胶粘贴平。

③ 半玻璃门：一般是在门扇上部嵌入玻璃，在下部以木质板或纤维板制作门芯板，并双面贴平而成的门。

④ 全玻璃门：是指门扇芯全部安装玻璃制作的门。全玻门的门框比一般门的门框宽、厚，且应用硬杂木制作。

⑤ 拼板门：是指用宽度拼板门 100～150 mm 的木板平成芯板的门，而且，在相拼接口处作成倒人字"V"刻槽的门。

⑥ 自由门：自由门通常为平开式，因为装有弹簧铰链，门扇可以自动关闭，所以也被称为弹簧门。自由门分单向开启和双向开启两种形式，其中双向弹簧门的弹簧又有双向弹簧铰链、门底弹簧(分模式和直式)、地弹簧及门顶弹簧(有油泵闭门器和弹簧闭门器)等五种类型。采用地弹簧的简单地弹门(代号为 DHLM)定额按半玻全玻以及制作与安装分为 4 个子目。

⑦ 其他木门扇：包括纱门扇、浴厕夹板门扇、百页木门扇。其中纱门扇与浴厕夹板门扇分制作与安装两类子目；百页门是指用横薄条上、下重叠成鱼鳞状，而且既能通风又能遮阳的门，分半截百页门与全百页门分项。

(3) 木门安装列项时，由于木门种类繁多，需要在名称中补充说明。同一工程出现不同种类木门安装时，可进行定额的换算。

2. 定额说明

(1) 本部分各类门窗均按工厂成品、现场安装编制。定额已包括玻璃安装人工与辅料耗量，玻璃材料在成品中考虑。

(2) 成品套装门安装包括门套和门扇的安装。

(3) 木门框定额不分有亮门框和无亮门框及门框断面尺寸，均执行同一定额。

(4) 成品木门(扇)、全玻璃门扇安装子目中的五金配件安装，仅包括门合页与地弹簧安装，其中合页材料包括在成品门内。如设计要求其他五金时，则按相应五金安装子目计算。

3. 工程量计算规则

(1) 成品木门扇安装除纱窗门扇外，其余均按设计图示门洞尺寸以面积计算。

(2) 纱门扇安装按设计图示数量以樘计算。

(3) 成品套装木门安装设计图示数量以樘计算。

(4) 木门框安装按实际图示框的中心线以长度计算。

举例说明

表3-4-2为某工程门窗表，已知木门框框料断面尺寸为52 mm×90 mm，门窗均为成品安装。列出木门项目名称并计算工程量(表3-4-3)。编列木门分部分项工程预算书(表3-4-4)。

表3-4-2　门窗表

编号	洞口宽度(mm)	洞口高度(mm)	樘数	类型
M1	900	2 100	5	无亮镶板木门
M2	1 800	2 100	3	夹板门

表3-4-3　木门分部分项工程量计算书

序号	项目名称	工程量计算式	计算结果
1	成品木门框安装	1.54×2+1.28=4.36 m	4.36 m
2	成品套装木门安装	3樘	3樘
3	成品木门扇安装	S=0.9×2.1×5=9.45 m^2	9.45 m^2

表3-4-4　木门分部分项工程预算书

序号	定额编号	项目名称	计量单位	工程数量
1	01-8-1-2	成品木门框安装	m^2	4.36
2	01-8-1-3	成品套装木门安装	樘	3
3	01-8-1-1	成品木门扇安装	m^2	9.45

技能训练

表3-4-5为某工程门窗表，已知木门框框料断面尺寸为52 mm×100 mm，门均为成品安装。列出木门项目名称并计算工程量(表3-4-6)，并编列木门分部分项工程预算书(表3-4-7)。

表3-4-5　某工程门窗表

编号	洞口宽度 mm	洞口高度 mm	樘数	类型
M2	800	2 100	5	夹板门

表3-4-6　木门分部分项工程量计算式

序号	项目名称	工程量计算式	计算结果

表 3-4-7　木门分部分项工程预算书

序号	定额编号	项目名称	计量单位	工程数量

3.4.2　金属门窗、金属卷帘门项目计量

任务布置

根据工程平面图及施工说明，完成金属门窗工程定额子目的设置，并计算金属门窗的工程量。

知识准备

你知道吗？

◎ 金属门窗装饰有哪些类型？

◎ 金属门窗工程项目有哪些？

1. 金属门窗(含卷帘门)工程的常用项目

金属门窗工程项目应参照《上海市建筑和装饰工程预算定额(SH 01-31-2016)》。表 3-4-8 列出了金属门窗(含卷帘门)工程常用项目。

表 3-4-8　金属门窗(含卷帘门)常用工程项目

定额编号	项目名称	计量单位
01-8-2-1	铝合金门安装—平开	m^2
01-8-2-2	铝合金门安装—推拉	m^2
01-8-2-3	隔热断桥铝合金门安装—平开	m^2
01-8-2-5	塑钢门安装—平开	m^2
01-8-2-7	彩钢板门安装—平开	m^2
01-8-2-9	钢质防火门	m^2
01-8-2-10	钢质防盗门	m^2
01-8-6-1	铝合金窗安装—平开	m^2
01-8-6-8	塑钢窗安装平开	m^2
01-8-6-16	彩钢板窗安装平开	m^2
01-8-3-1	金属卷帘(闸)门—镀锌钢板	m^2
01-8-3-2	金属卷帘(闸)门—铝合金	m^2
01-8-3-3	金属卷帘(闸)门—不锈钢	m^2
01-8-3-4	金属卷帘(闸)门—电动装置	m^2

2. 定额项目划分

(1) 铝合金门窗。铝合金门定额分为平开门、推拉门、全玻地弹门、无框玻璃门及卷帘门。铝合金窗按照开启方式分为平开窗(外开、内开)、推拉窗、固定窗、组合窗、百叶窗、防盗窗。铝合金门窗定额仅列安装子目,包括铝合金门窗安装、金属卷帘门安装及镜面不锈钢片包门框等。其中铝合金双扇全玻地弹簧门是指由铝合金框的弹簧门。

(2) 塑钢门窗。塑钢门分有亮、无亮 2 个子目;塑钢窗分单层及带纱 2 个子目。定额包括校正框扇、安装门窗、周边塞口清扫等全部操作过程。

(3) 彩钢板门窗。彩钢板门窗是将镀锌钢板轧制成 0.7～1 mm 厚的板材,表面经脱脂处理后涂敷各种防腐涂层和装饰面漆成为彩色涂层钢板,再将这种涂层钢板经辊压、轧制或冷弯制成各种门窗型材和接插件,而后按门窗规格组合装配而成。彩钢板门分推拉门、平开半玻门 2 个子目;彩钢板窗分推拉窗、固定窗和平开窗 3 个子目。

3. 定额说明

(1) 普通铝合金门窗定额按普通玻璃考虑。如设计为中空玻璃时,按相应定额子目人工乘以系数 1.1。

(2) 金属门连窗者,门与窗分别按相应定额子目执行。

(3) 金属卷帘门定额按卷帘侧装(即安装在门洞口内侧或外侧)考虑,如设计为中装(即安装在门洞口中),则按相应定额子目人工乘以系数 1.1。

(4) 金属卷帘门定额按不带活动小门考虑,当设计为带活动小门时,按相应定额子目执行,其中人工乘以系数 1.07,卷帘门调整为金属卷帘门带活动小门。

(5) 防火卷帘门(除无机布基防火卷帘门外)按镀锌钢板卷帘门定额子目执行,其中卷帘门调整为相应的防火卷帘门,其余不变。

4. 工程量计算规则

(1) 成品金属门窗安装除金属纱窗外,其余均按设计图示门窗洞口尺寸以面积计算。

(2) 金属纱窗安装按门扇外围面积计算。

(3) 门连窗按设计图示洞口尺寸分别计算门、窗面积,其中窗的宽度算至门框外边线。

(4) 塑钢门窗均按门窗洞口面积计算。

(5) 彩钢板门窗均按门窗洞口面积计算。

(6) 金属卷帘门安装按设计图示卷帘门宽度乘以卷帘门高度(其中包括卷帘箱高度)以面积计算。

(7) 卷帘门电动装置按设计图示数量以套计算。

注:铝合金门窗中,搦手、插销等都已包括在定额中,无须另行列项计算。

举例说明

训练一:

表 3-4-9 为某工程门窗表,门窗均为成品安装。列出表 3-4-9 所示门窗项目名称并计

算工程量。工程量计算书见表 3-4-10。门窗分部分项工程预算书见表 3-4-11。

表 3-4-9　门窗表

编号	洞口宽度(mm)	洞口高度(mm)	樘数	类型
M1	900	2 700	2	铝合金推拉门
M3	900	2 100	5	塑钢无亮门
M4	800	2 100	3	彩钢板推拉门
C1	1 200	1 500	4	铝合金平开窗
C2	1 500	1 500	2	塑钢单层窗

表 3-4-10　门窗分部分项工程量计算式

序号	项目名称	工程量计算式	计算结果
1	铝合金门安装—推拉	$S=0.9\times2.7\times2=4.86\ m^2$	$4.86\ m^2$
2	塑钢门安装—平开	$S=0.9\times2.1\times5=9.45\ m^2$	$9.45\ m^2$
3	彩钢板门安装—推拉	$S=0.8\times2.1\times3=5.04\ m^2$	$5.04\ m^2$
4	铝合金窗安装	$S=1.2\times1.5\times4=7.2\ m^2$	$7.2\ m^2$
5	塑钢窗安装—平开	$S=1.5\times1.5\times2=4.5\ m^2$	$4.5\ m^2$

表 3-4-11　门窗分部分项工程预算书

序号	定额编号	项目名称	计量单位	工程数量
1	01-8-2-2	铝合金门安装—推拉	m^2	4.86
2	01-8-2-5	塑钢门安装—平开	m^2	9.45
3	01-8-2-8	彩钢板门安装—推拉	m^2	5.04
4	01-8-6-1	铝合金窗安装	m^2	7.2
5	01-8-6-8	塑钢窗安装—平开	m^2	4.5

训练二：

新建工程做卷帘门的宽度：按门洞口宽度计算(图 3-4-1)。

改建工程做卷帘门的宽度：按门扇实际宽度计算(图 3-4-2)。

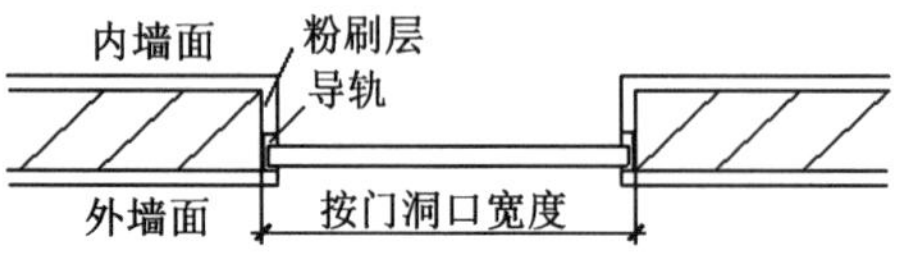

图 3-4-1　新建工程卷帘门示意图

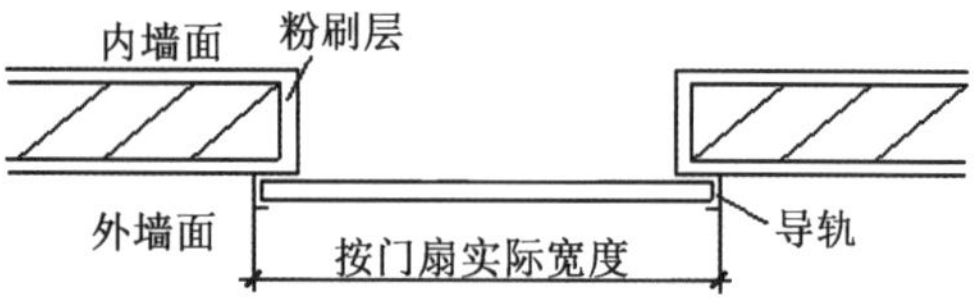

图 3-4-2　改建工程卷帘门示意图

表 3-4-12　门窗表

编号	洞口宽度	洞口高度	樘数	类型
M-1	1 000	2 000	2	铝合金卷帘门
编号	门扇宽度	门扇高度	樘数	类型
M-2	1 600	1 800	4	不锈钢卷帘门

卷帘门的高度：有图示的，按图示实际高度计算。无图示的，按门洞高度+600 mm 计算。卷帘门上若开有小门，不要扣除小门面积。

卷帘门装置计算规则：电动装置按“套”计算；手动装置无需计算。

根据上述信息，结合表 3-4-12 列出门窗工程项目并计算工程量(表 3-4-13)，编制工程预算书(表 3-4-14)。

表 3-4-13　门窗分部分项工程量计算式

序号	项目名称	工程量计算式	计算结果
1	金属卷帘(闸)门—铝合金	$S=1.0\times2.6\times2=5.2\ m^2$	$5.2\ m^2$
2	金属卷帘(闸)门—不锈钢	$S=1.6\times1.8\times4=11.52\ m^2$	$11.52\ m^2$

表 3-4-14　门窗分部分项工程预算书

序号	定额编号	项目名称	计量单位	工程数量
1	01-8-3-2	金属卷帘(闸)门—铝合金	m^2	5.2
2	01-8-3-3	金属卷帘(闸)门—不锈钢	m^2	11.52

训练三：

图 3-4-3 为一电动铝合金卷帘门，门洞口尺寸为 2 800 mm×3 300 mm，试列项并计算其工程量(表 3-4-15)，编制工程预算书(表 3-4-16)。

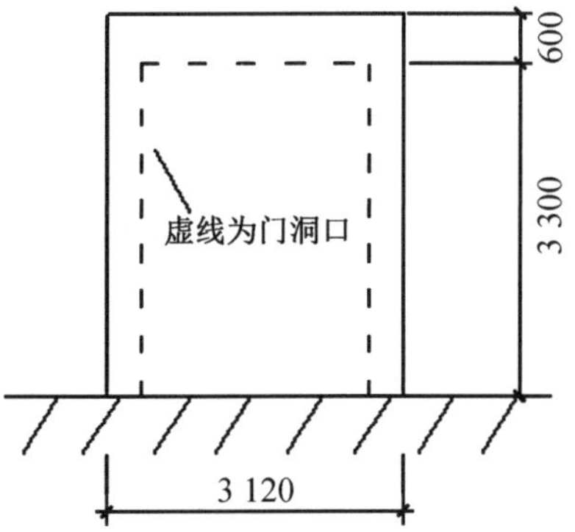

图 3-4-3　电动铝合金卷帘门示意图

表 3-4-15　门窗分部分项工程量计算式

序号	项目名称	工程量计算式	计算结果
1	金属卷帘(闸)门—铝合金	$S=3.12\times(3.3+0.6)=12.17\ m^2$	$12.17\ m^2$
2	电动装置	1 套	1 套

表 3-4-16　门窗分部分项工程预算书

序号	定额编号	项目名称	计量单位	工程数量
1	01-8-3-2	金属卷帘(闸)门—铝合金	m^2	12.17
2	01-8-3-4	电动装置	套	1

技能训练

训练一：

根据《上海市建筑和装饰工程预算定额(SH 01-31-2016)》，结合表 3-4-17 列出的金属门窗定额项目名称，并通过计算后填写表 3-4-18 和表 3-4-19。

表 3-4-17　门窗表

编号	洞口宽度(mm)	洞口高度(mm)	樘数	类型
M1	900	2 100	6	铝合金平开门
M2	900	2 700	3	塑钢推拉门
M3	800	2 700	5	彩钢板平开门
C1	1 500	1 800	1	铝合金推拉窗
C2	1 800	1 800	3	钢质防火窗

表 3-4-18　金属门窗、金属卷帘门分部分项工程量计算式

序号	项目名称	工程量计算式	计算结果

表 3-4-19　金属门窗、金属卷帘门分部分项工程预算书

序号	定额编号	项目名称	计量单位	工程数量

3.4.3　厂库房大门、特种门项目计量

任务布置

根据工程平面图及施工说明，完成厂库房大门、特种门的设置，并计算厂库房大门、特种门项目定额工程量。

知识准备

你知道吗?

◎ 厂库房大门、特种门装饰有哪些类型?

◎ 厂库房大门、特种门工程项目有哪些?

1. 其他门工程的常用项目

表 3-4-20 中列举了厂库房大门、特种门常用项目。

表 3-4-20　厂库房大门、特种门常用项目

定额编号	项目名称	计量单位
01-8-4-1	厂库房木板大门安装—平开	m^2
01-8-4-4	厂库房钢木大门安装—推拉	m^2
01-8-4-5	厂库房全钢板大门安装—平开	m^2
01-8-4-9	隔音门	m^2
01-8-4-10	保温门	m^2
01-8-4-11	冷藏库门—安装	m^2
01-8-4-13	变电室门—安装	m^2
01-8-4-14	射线防护门—安装	m^2
01-8-5-2	全玻璃门安装—无框(夹条)门扇	m^2
01-8-5-3	全玻璃门安装—无框(点夹)门扇	m^2
01-8-5-7	不锈钢伸缩门	m
01-8-5-8	伸缩门电动装置	套

定额项目划分：

(1) 厂库房木门、厂库房全钢大门、金属网门、隔音门、保温门、冷藏库门。

(2) 厂库房大门、特种门工程的常用项目，门窗工程项目设置应参照《上海市建筑和装饰工程预算定额(SH 01-31-2016)》。

(3) 全玻门安装的常用项目，门窗工程项目设置应参照《上海市建筑和装饰工程预算定额(SH 01-31-2016)》。

2. 定额说明

(1) 厂库房大门门扇上所用铁件包括在成品门内，除成品门附件以外，墙、柱、楼地面等部位的预埋铁件按设计要求另外计算。

(2) 全玻璃门扇安装定额按地弹簧门考虑，其中地弹簧消耗量可按实际调整。

(3) 全玻璃门带亮子者，有框亮子安装按全玻璃有框门扇定额子目执行，其中人工乘以系数 0.75，地弹簧调整为膨胀螺栓，消耗量按 277.55 个/100 m 计算，无框亮子安装按固定玻璃安装定额子目执行。

3. 工程量计算规则

(1) 厂库房大门安装按实际图示门洞口以面积计算。

(2) 特种门按设计图示门框外边线尺寸以面积计算。

(3) 全玻有框门扇按设计图示门框外边线尺寸以面积计算，有框亮子按门扇与亮子分界线以面积计算。

(4) 全玻无框(条夹)门扇按设计图示扇面积计算，高度算至条夹外边线，宽度算至玻璃外边线。

(5) 全玻无框(点夹)门扇按设计图示玻璃外边线尺寸面积计算。

(6) 无框亮子(固定玻璃)按设计图示亮子与横梁或立柱内边缘尺寸以面积计算。

(7) 电子感应门传感装置安装按设计图示数量以套计算。

(8) 旋转门按设计尺寸数量以樘计算。

(9) 电动伸缩门安装按设计图示尺寸以长度计算，电动装置按设计图示数量以套计算。

举例说明

训练一：某工程厂库房大门安装项目计算。

1. 列出表 3-4-21 所示门窗项目名称并计算工程量(表 3-4-22)，编制工程预算书(表 3-4-23)。

表 3-4-21　门窗表

编号	洞口宽度(mm)	洞口高度(mm)	樘数	类型
M1	1 000	2 600	2	厂库房木板大门
M2	1 600	1 800	4	隔音门

表 3-4-22　门窗分部分项工程量计算式

序号	项目名称	工程量计算式	计算结果
1	厂库房木板大门安装—平开	$S=1.0\times2.6\times2=5.2\ m^2$	$5.2\ m^2$
2	隔音门	$S=1.6\times2.1\times4=13.44\ m^2$	$13.44\ m^2$

表 3-4-23　门窗分部分项工程预算书

序号	定额编号	项目名称	计量单位	工程数量
1	01-8-4-1	厂库房木板大门安装—平开	m^2	5.2
2	01-8-4-9	隔音门	m^2	13.44

2. 列出图 3-4-4 所示无框玻璃门项目名称并计算工程量，见表 3-4-24 和表 3-4-25。

1. 无框玻璃门 安装 单层

$S=1.8\times2.1=3.78\ m^2$

2. 无框玻璃门 侧亮 安装

$S=3.0\times2.7-1.8\times2.1=4.32\ m^2$

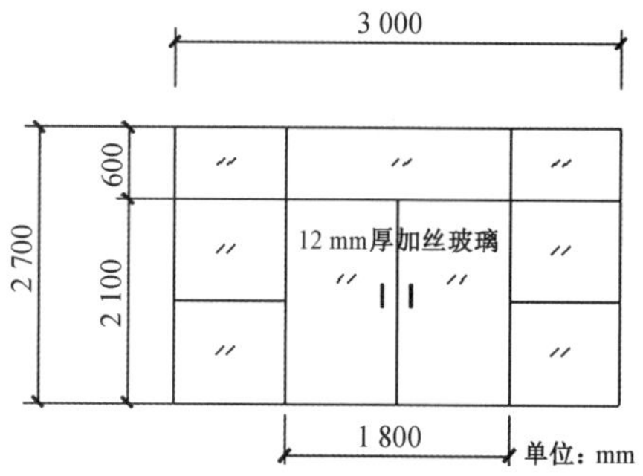

图 3-4-4 无框玻璃门示意图

表 3-4-24 门窗分部分项工程量计算式

序号	项目名称	工程量计算式	计算结果
1	全玻璃门安装	$S=1.8\times2.1=3.78\ m^2$	$3.78\ m^2$
2	固定玻璃安装	$S=3.0\times2.7-1.8\times2.1=4.32\ m^2$	$4.32\ m^2$

表 3-4-25 门窗分部分项工程预算书

序号	定额编号	项目名称	计量单位	工程数量
1	01-8-5-2	全玻璃门安装	m^2	3.78
2	01-8-5-4	固定玻璃安装	m^2	4.32

技能训练

根据《上海市建筑和装饰工程预算定额(SH 01-31-2016)》，结合建筑平面图及施工说明，列出表 3-4-26 所示项目的其他门定额项目名称，并填写表 3-4-27 和表 3-4-28。

表 3-4-26 门窗表

编号	洞口宽度(mm)	洞口高度(mm)	樘数	类型
M1	900	2 700	3	厂库房全钢板大门
M2	1 200	2 100	4	电子感应门

表 3-4-27 厂库房大门、特种门分部分项工程量计算式

序号	项目名称	工程量计算式	计算结果

表 3-4-28 厂库房大门、特种门分部分项工程预算书

序号	定额编号	项目名称	计量单位	工程数量

3.4.4 门窗配套项目计量

任务布置

根据工程平面图及施工说明，完成门钢架、门窗套的设置，并计算门钢架、门窗套项目定额工程量。

知识准备

你知道吗？

◎ 门钢架、门窗套有哪些类型？

◎ 门钢架、门窗套项目有哪些？

1. 门窗配套构件的常用项目

表 3-4-29 中列出了门窗配套构件的常用项目。

表 3-4-29 门窗配套构件的常用项目

定额编号	项目名称	计量单位
01-8-7-5	门窗套(筒子板)基层细木工板—带铲口	m^2
01-8-7-6	门窗套(筒子板)基层细木工板—不带铲口	m^2
01-8-7-9	石材门窗套—干混砂浆挂贴	m^2
01-8-8-1	窗台板—基层细木工板	m^2
01-8-8-2	窗台板—面层木质饰面板	m^2
01-8-8-5	石材窗台板—水泥砂浆铺贴	m^2
01-8-9-1	窗帘—垂直帘	m^2
01-8-9-2	窗帘—布艺窗帘	m^2

定额划分：门钢架、门窗套(筒子板)基层细木工板、石材门窗套；门窗工程项目设置应参照《上海市建筑和装饰工程预算定额(SH 01-31-2016)》。

2. 定额说明

(1) 厂库房大门门扇上所用铁件包括在成品门内，除成品门附件以外，墙、柱、楼地面等部位的预埋铁件按设计要求另外计算。

3. 工程量计算规则

(1) 门钢架基层、面层按设计图示饰面外围尺寸以展开面积计算。

(2) 门窗套、筒子板等均按设计图示饰面外围尺寸以展开面积计算。

(3) 木窗贴脸按设计图示尺寸以长度计算。

(4) 窗台板按设计图示长度以面积计算。图纸未注明长度和宽度的可按窗框的外围宽度两边共加 100 mm 计算，突出墙面的宽度按墙面外加 50 mm 计算。

(5) 窗帘按图示尺寸以成活后的展开面积计算。

(6) 窗帘电动装置按设计图纸数量以套计算。

(7) 窗帘盒、窗帘轨(棍)按设计图示尺寸以长度计算。

举例说明

训练一：

表 3-4-30 为某工程门窗套安装表。列出表 3-4-31 所示门窗项目名称并计算工程量，填写表 3-4-32 门窗分部分项工程预算书。

表 3-4-30　门窗表

编号	洞口宽度(mm)	洞口高度(mm)	樘数	类型
M1	1 000	2 100	5	木质平开门，白色门窗套

表 3-4-31　门窗分部分项工程量计算式

序号	项目名称	工程量计算式	计算结果
1	门窗套(筒子板) 基层细木工板—不带铲口	门侧壁：(1+2.1×2)×0.2=1.04 m^2 门贴脸：[1+0.08+(2.1+0.04)×2]×0.08×5=2.14 m^2	7.34 m^2
2	成品套装木门安装—单扇门	5 樘	5 樘

表 3-4-32　门窗分部分项工程预算书

序号	定额编号	项目名称	计量单位	工程数量
1	01-8-7-6	门窗套(筒子板)基层细木工板—不带铲口	m^2	7.34
2	01-8-1-3	成品套装木门安装—单扇门	樘	5

训练二：

表 3-4-33 为某工程门窗套安装表。列出表 3-4-34 所示门窗项目名称并计算工程量，填写表 3-4-35 门窗分部分项工程预算书。墙厚 240 mm，铝合金隔断厚 60 mm，内墙面一般抹灰 20 mm 厚。

表 3-4-33　门窗表

编号	洞口宽度(mm)	洞口高度(mm)	樘数	类型
C1	1 500	1 800	5	铝合金平开窗，白色大理石窗台板

表 3-4-34　门窗分部分项工程量计算式

序号	项目名称	工程量计算式	计算结果
1	铝合金窗安装—平开	1.5×1.8×5=13.5 m^2	13.5 m^2
2	石材窗台板—水泥砂浆铺贴	[1.5×(0.24÷2−0.03+0.05)+0.05×0.05×2]×5=1.08 m^2	1.08 m^2

表 3-4-35　门窗分部分项工程预算书

序号	定额编号	项目名称	计量单位	工程数量
1	01-8-6-1	铝合金窗安装—平开	m^2	13.5
2	01-8-8-5	石材窗台板—水泥砂浆铺贴	m^2	1.08

技能训练

1. 根据《上海市建筑和装饰工程预算定额(SH 01-31-2016)》,结合表 3-4-36 列出门钢架、门窗套定额项目名称,并填写表 3-4-37 和表 3-4-38。墙厚 250 mm,门钢架断面宽 80 mm,墙面一般抹灰 20 mm 厚。

表 3-4-36　门窗定额项目表

编号	洞口宽度(mm)	洞口高度(mm)	樘数	类型
M1	1 800	3 000	3	木质平开门,棕色门套

表 3-4-37　木门及门窗套分部分项工程量计算式

序号	项目名称	工程量计算式	计算结果

表 3-4-38　木门及门窗套分部分项工程预算书

序号	定额编号	项目名称	计量单位	工程数量

2. 根据《上海市建筑和装饰工程预算定额(SH 01-31-2016)》,结合表 3-4-39 列出窗台板、窗帘盒、轨定额项目名称,并填写表 3-4-40 和表 3-4-41。

表 3-4-39　门窗定额项目表

编号	洞口宽度(mm)	洞口高度(mm)	樘数	类型
C1	1 800	1 800	3	铝合金平开窗,白色大理石窗台板

表 3-4-40　铝合金窗及窗台板分部分项工程量计算式

序号	项目名称	工程量计算式	计算结果

表 3-4-41 铝合金窗及窗台板分部分项工程预算书

序号	定额编号	项目名称	计量单位	工程数量

3.4.5 门窗五金项目计量

任务布置

根据工程平面图及施工说明，完成门窗五金的设置，并计算门窗五金项目定额工程量。

知识准备

你知道吗？

◎ 门窗五金有哪些类型？

◎ 门窗五金工程项目有哪些？

1. 门窗五金的常用项目

表 3-4-42 中列出了门窗五金的常用项目。

表 3-4-42 门窗五金的常用项目

定额编号	项目名称	计量单位
01-8-10-1	木门—执手锁	个
01-8-10-2	木门—弹子锁	个
01-8-10-3	木门—电子锁	个
01-8-10-4	逃生装置锁—水平推杆式	套
01-8-10-10	吊装滑动门轨	m
01-8-10-11	门吸	个
01-8-10-12	闭门器—明装	个

定额项目划分：门窗五金安装包括门锁、拉手、地弹簧、闭门器等；门窗五金工程项目设置应参照《上海市建筑和装饰工程预算定额(SH 01-31-2016)》。

2. 定额说明

门窗五金安装包括门锁、拉手、地弹簧、闭门器等。

3. 工程量计算规则

门窗五金安装包括门锁、拉手，地弹簧、闭门器等分别按设计数量以个计算。

举例说明

表 3-4-43 为某工程厂库房大门安装门窗表，请列出门窗项目名称并计算工程量(表

3-4-44)，编制工程预算书(表 3-4-45)。

表 3-4-43　门窗表

编号	洞口宽度(mm)	洞口高度(mm)	樘数	类型
M1	1 000	2 600	2	金属塑钢门—水平推杆
M2	1 600	2 100	4	木门—执手锁

表 3-4-44　门窗五金分部分项工程量计算式

序号	项目名称	工程量计算式	计算结果
1	逃生装置锁—水平推杆	2 套	2 套
2	木门—执手锁	4 个	4 个

表 3-4-45　门窗五金分部分项工程预算书

序号	定额编号	项目名称	计量单位	工程数量
1	01-8-10-4	逃生装置锁—水平推杆	套	2
2	01-8-10-1	木门—执手锁	个	4

技能训练

根据《上海市建筑和装饰工程预算定额(SH 01-31-2016)》，结合表 3-4-46 列出门五金定额项目名称，并填写表 3-4-47 和表 3-4-48。

表 3-4-46　门窗表

编号	洞口宽度(mm)	洞口高度(mm)	樘数	类型
M1	900	2 700	1	金属塑钢窗门—垂直推杆
M2	1 000	2 100	5	木门—弹子锁

表 3-4-47　门窗五金分部分项工程量计算式

序号	项目名称	工程量计算式	计算结果

表 3-4-48　门窗五金分部分项工程预算书

序号	定额编号	项目名称	计量单位	工程数量

知识链接

门窗工程定额说明如下。

(1) 门窗工程定额分为安装和制作安装两类子目，但在安装子目的定额含量中已包括了制品，所以如为现场制作安装的话，在套用安装子目时应扣除定额中原制品含量。

(2) 门窗定额中的木种以一、二类木种为准，如采用三、四类木种是，可以进行换算调整，调整方法是：(人工费＋机械费)相应项目调整系数。不同项目调整系数见表 3-4-49。

表 3-4-49　门窗不同项目调整系数

项目	系数
木门窗制作	1.3
木门窗安装	1.16
其他项目	1.35

(3) 木门框定额分为有亮门框和无亮门框两类，有亮门框定额中已包括亮子的工料。

(4) 木门窗定额中所注明的木材断面或厚度均以净料为准。定额消耗量一包括刨光为：板、方材一面刨光增加 3 mm；两面刨光增加 5 mm。原木构件按每立方米材积增加 0.05 m^3 计算。

(5) 定额取定的断面与设计规定不同时，应按比例换算。框断面以边框断面为准(框裁口如为钉条者加贴条的断面)；扇料一主梃断面为准。换算公式如下所示：

设计断面(加刨光损耗)÷定额断面×定额消耗量

(6) 定额中木料编有板材和方材，是指用原木纵向锯成的板材和方材。其中宽度为厚度的三倍及三倍以上的板称为板材，宽度不是厚度的三倍的称为方材。板材与方材的分类见表 3-4-50。

表 3-4-50　板材、方材分类表

项目	按宽、厚尺寸比例分类	按板材厚度及方材宽、厚乘积				
板材	宽≥3×厚	名称	薄板	中板	厚板	特厚板
		厚度(mm)	＜18	19～35	36～65	≥66
方材	宽＜3×厚	名称	小方	中方	大方	特大方
		厚度(mm)	＜54	55～100	101～225	≥225

(7) 各类门窗制品(除铝合金门窗、彩钢板门窗、塑钢门窗外)未包括玻璃、门窗安装定额中已包括玻璃及玻璃安装辅料的用量。

(8) 铝合金门窗、彩钢板门窗、塑钢门窗按制品安装计列，制品已包括玻璃及附件，除此以外的其他门窗均不含配件。

(9) 凡五金配件表中未列入的五金配件安装及五金配件,按实际情况选用相应五金安装定额子目。

(10) 五金配件表中的消耗量为五金材料消耗量。人工消耗量已计入相应安装子目。

(11) 保温门的填充料与定额不同时,可以换算,其他工料不变。

(12) 定额中木材是以自然干燥条件下含水率为准编制的,需人工干燥时,其费用可列入木材价格内计算。

(13) 铝合金卷帘门(包括卷筒、导轨)、彩钢板门窗、塑钢门窗、钢门窗安装以成品安装编制的,由供应地至现场的运杂费,应计入预算价格中。

(14) 玻璃厚度、颜色、密封油膏,软填料,如设计与定额不同时可以调整。

(15) 如图纸上要求与建筑结构有预埋软件,或预留空洞与混凝土体、砖体固定的工作内容,则应另外计算。

(16) 各个子目内均未包括成品保护费用,如必须采取遮盖门窗口,粘贴带等方法保护门窗防止变形或污染时,则应另行计入有关费用。

3.5 油漆、涂料、裱糊工程定额计量

目标要求

通过本模块的学习,使学生认识《上海市建筑和装饰工程预算定额(SH 01-31-2016)》中油漆、涂料、裱糊工程的项目设置方法和项目工程量计算方法;能结合装饰工程施工图及施工方法,列出相应油漆、涂料、裱糊项目名称并计算工程数量。

任务布置

根据工程平面图及施工说明,完成油漆、涂料、裱糊工程项目的设置,并计算油漆、涂料、裱糊工程定额工程量。

知识准备

你知道吗?

◎ 油漆工程项目有哪些类型?

◎ 涂料工程项目有哪些类型?

◎ 裱糊工程项目有哪些类型?

油漆工程包括四大类:木门油漆;木扶手及其他板条、线条油漆;其他木材面油漆、金属面油漆、抹灰面油漆。

涂料工程包括:墙面涂料、天棚面涂料、防火涂料、混凝土花格窗栏杆花饰等。

裱糊工程包括:墙面壁纸、天棚面壁纸、墙面贴织锦缎等。

1. 油漆工程的常用项目

油漆工程项目应参照《上海市建筑和装饰工程预算定额(SH 01-31-2016)》。表 3-5-1 列出了油漆工程的常用项目。

表 3-5-1　油漆工程的常用项目

定额编号	项目名称	计量单位
01-14-1-1	木门 刷底油、调和漆两遍	m^2
01-14-1-2	木门 润油粉、满刮腻子、调和漆两遍	m^2
01-14-1-3	木门 每增加一遍调和漆	m^2
01-14-1-4	木门 刷底油、调和漆两遍、磁漆一遍	m^2
01-14-1-5	木门 润油粉、满刮腻子、调和漆一遍、磁漆两遍	m^2
01-14-1-6	木门 每增加一遍磁漆	m^2
01-14-1-7	木门 满刮腻子、底漆两遍、聚酯清漆两遍	m^2
01-14-1-8	木门 每增加一遍聚酯清漆	m^2
01-14-2-1	木扶手不带托板 刷底油调和漆两遍	m
01-14-2-2	木线条小于等于 50 mm 刷底油调和漆两遍	m
01-14-2-3	木线条小于等于 100 mm 刷底油调和漆两遍	m
01-14-2-4	木线条小于等于 150 mm 刷底油调和漆两遍	m
01-14-3-1	其他木材面 刷底油、调和漆两遍	m^2
01-14-3-2	其他木材面 润油粉、满刮腻子、调和漆两遍	m^2
01-14-3-3	其他木材面 每增加一遍调和漆	m^2
01-14-3-20	木地板面 水晶地板漆两遍	m^2
01-14-3-22	木地板 打蜡一遍	m^2
01-14-4-8	金属面 氯化橡胶面漆 60 μm	m^2
01-14-4-9	金属面 氯化橡胶面漆 每增减 10 μm	m^2
01-14-5-1	墙面 满刮腻子、底油一遍、调和漆两遍	m^2
01-14-4-9	墙面 每增加一遍调和漆	m^2
01-14-5-6	乳胶漆 室外墙面 两遍	m^2
01-14-5-7	乳胶漆 墙面 每增一遍	m^2
01-14-6-1	仿瓷涂料 墙面 三遍	m^2
01-14-6-3	仿瓷涂料 天棚面 每增一遍	m^2
01-14-6-4	外墙丙烯酸酯涂料 墙面	m^2

（续表）

定额编号	项目名称	计量单位
01-14-6-5	外墙丙烯酸酯涂料 墙面 每增一遍	m^2
01-14-6-11	金属面超薄型防火涂料 耐火时间 0.5 h、涂层厚度 0.5 mm	m^2
01-14-7-1	墙面 普通壁纸 对花	m^2
01-14-7-3	墙面 普通壁纸 不对花	m^2
01-14-7-5	墙面 金属壁纸	m^2
01-14-7-7	贴织锦缎	m^2

2. 定额说明

(1) 油漆、涂料以手工操作，喷塑、喷涂以机械操作考虑定额编制。

(2) 定额取定的用料及刷、喷、涂遍数与设计或实际施工要求不同时，可以调整。

(3) 定额中已经综合考虑了刷浅、中、深等各种颜色油漆的因素。

(4) 定额综合考虑了在同一平面上的分色以及门内外分色等因素，未包括做美术图案。

(5) 定额内的聚酯清漆、聚酯色漆子目按刷底漆两遍编制，当设计与定额取定不同时，可按每增加聚酯清漆(或者聚酯色漆)一遍子目调整，其中聚酯清漆(聚酯色漆)调整为聚酯底漆，消耗量不变。

(6) 附着在同材质装饰面上的木线条、石膏线条等刷油漆涂料与装饰面同色时，工程量并入装饰面计算；与装饰面分色时，单独计算。

(7) 附墙柱抹灰面刷油漆、涂料、裱糊按墙面相应定额子目执行，独立柱抹灰面刷油漆、涂料、裱糊按墙面相应定额子目的人工乘以系数 1.2。

(8) 纸面石膏板等装饰板材面刮腻子刷油漆、涂料，按抹灰面刮腻子刷油漆、涂料相应项目执行。

(9) 门窗套、窗台板、腰线、压顶等抹灰面刷油漆、涂料，与整体墙面同色者，并入墙面计算；与整体墙面分色者，单独计算，按相应墙面定额子目的人工乘以系数 1.43，其余不变。

(10) 定额内的刮腻子子目仅适用于单独刮腻子项目，当抹灰面油漆喷刷涂料设计与定额取定的刮腻子遍数不同时，可按刮腻子每增减一遍子目进行相应调整。

(11) 金属面防火涂料定额子目取定的耐火时间、涂层厚度，与设计不同时，防火涂料消耗量可作相应调整。

(12) 金属面刷两遍防锈漆时，按金属面防锈漆一遍定额子目的人工乘以系数 1.74，材料均乘以系数 1.9。

(13) 一塑三油(喷塑)定额子目按以下规格划分：①大压花，喷点压平，点面积在 1.2 cm^2 以上；②中压花，喷点压平，点面积在 1～1.2 cm^2；③喷中点、幼点，喷点面积在 1 cm^2 以下。

(14) 墙面真石漆、氟碳漆定额子目不包括分隔嵌缝，当设计要求做分格嵌缝时，费用另外计算。

(15) 木龙骨刷防火涂料定额子目按四面涂刷考虑，木龙骨刷防腐油定额子目按一面(接触结构基层面)涂刷考虑。

3. 工程量计算规则

1) 木门油漆

执行木门油漆的子目，其工程量计算规则及相应系数见表 3-5-2。

表 3-5-2　工程量计算规则和系数

<table>
<tr><th colspan="2">项目</th><th>系数</th><th>工程量计算规则(设计图示尺寸)</th></tr>
<tr><td>1</td><td>单层木门</td><td>1.00</td><td rowspan="8">门洞口面积</td></tr>
<tr><td>2</td><td>单层半玻门</td><td>0.85</td></tr>
<tr><td>3</td><td>单层全玻门</td><td>0.75</td></tr>
<tr><td>4</td><td>半截百叶木门</td><td>1.50</td></tr>
<tr><td>5</td><td>全百叶门</td><td>1.70</td></tr>
<tr><td>6</td><td>厂库房大门</td><td>1.10</td></tr>
<tr><td>7</td><td>纱门扇</td><td>0.80</td></tr>
<tr><td>8</td><td>特种门(包括冷藏门)</td><td>1.00</td></tr>
<tr><td>9</td><td>装饰门扇</td><td>0.90</td><td>扇外围尺寸面积</td></tr>
<tr><td>10</td><td>间壁、隔断</td><td>1.00</td><td rowspan="2">单面外围面积</td></tr>
<tr><td>11</td><td>玻璃间壁露明墙筋</td><td>0.85</td></tr>
</table>

注：多面刷按单面计算工程量。

2) 木扶手及其他板条、线条油漆

(1) 执行木扶手(不带托板)油漆的子目，其工程量计算规则及相应系数见表 3-5-3。

表 3-5-3　工程量计算规则和系数

<table>
<tr><th colspan="2">项目</th><th>系数</th><th>工程量计算规则(设计图示尺寸)</th></tr>
<tr><td>1</td><td>木扶手(不带托板)</td><td>1.00</td><td rowspan="4">延长米</td></tr>
<tr><td>2</td><td>木扶手(带托板)</td><td>2.50</td></tr>
<tr><td>3</td><td>封檐板、博风板</td><td>1.70</td></tr>
<tr><td>4</td><td>黑板框、生活园地框</td><td>0.50</td></tr>
</table>

(2) 木线条油漆按设计图示尺寸以长度计算。

3) 其他木材面油漆

(1) 执行其他木材面油漆的子目，其工程量计算规则及相应系数见表 3-5-4。

表 3-5-4　工程量计算规则和系数

项目		系数	工程量计算规则(设计图示尺寸)
1	木板、胶合板天棚	1.00	长 × 宽
2	屋面板带擦条	1.10	斜长 × 宽
3	清水板条檐口天棚	1.10	长×宽
4	吸音板(墙面或天棚)	0.87	
5	木护墙、木墙裙、木踢脚	0.83	
6	窗台板、窗帘盒	0.83	
7	出入口盖板、检查口	0.87	
8	壁栅	0.83	展开面积
9	木屋架	1.77	跨度(长)×中高×1/2
10	以上未包括的其他木材面油漆	0.83	展开面积

注：多面漆刷按单面计算工程量。

(2) 木地板油漆按设计图示尺寸以面积计算，空洞、空圈、暖气包槽、壁龛的开口部分并人相应的工程量内。

(3) 木龙骨刷防火、防腐涂料按设计图示尺寸以龙骨架投影面积计算。

(4) 基层板刷防火、防腐涂料按实际涂刷面积计算。

4. 金属面油漆

执行金属面油漆、涂料子目，其工程量按设计图示尺寸以展开面积计算。质量在 500 kg 以内的单个金属构件，可参考表 3-5-5 中相应的系数，按公式“金属面油漆工程量(m^2)＝质量(t)×对应项目系数”将质量 t 折算为面积。

表 3-5-5　质量折算面积参考系数

序号	项目	系数
1	钢栅栏门、栏杆、窗栅	64.98
2	钢爬梯	44.84
3	踏步式钢扶梯	39.90
4	轻型屋架	53.20
5	零星铁件	58.00

5. 抹灰面油漆、涂料工程

(1) 抹灰面油漆、涂料按设计图示尺寸以面积计算。

(2) 踢脚线刷耐磨漆按设计图示尺寸长度计算。

(3) 有梁板底刷油漆、涂料按设计图示尺寸展开面积计算。

(4) 混凝土花格窗、栏杆花饰刷(喷)油漆、涂料按设计图示尺寸洞口面积计算。

6. 裱糊

墙面、天棚面裱糊按设计图示尺寸以面积计算。

举例说明

训练一：

已知，图3-5-1所示房间地面木地板打蜡一遍、刷水晶地板漆两遍；木地板下铺设木基层板，刷防火涂料两遍；木墙裙高900 mm，刷底油、调和漆两遍；所有门均为单层木门，单层木门均刷底油、调和漆两遍，试计算相应的工程量并编制工程量清单。M1：1 500 mm×2 400 mm；M2：1 000 mm×2 400 mm。

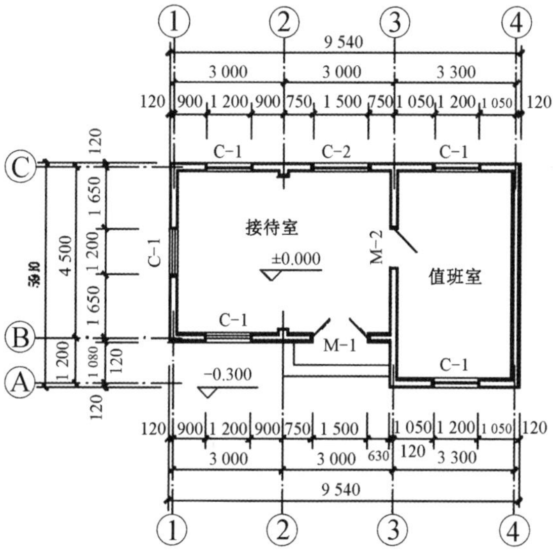

平面图1:100

图3-5-1　某房间施工平面图

1. 工程列项

根据《上海市建筑和装饰工程预算定额》(SH 01-31—2016)“第十四章　油漆、涂料、裱糊工程”进行列项。

2. 工程量计算

(1) 木地板刷油漆工程量按设计图示尺寸以面积计算，空洞、空圈、暖气包槽、壁龛的开口部分并入相应的工程量内。

木地板打蜡一遍、刷水晶地板漆两遍的工程量＝

$5.76\times4.26+3.06\times5.46+1\times0.24-0.12\times0.24\times2=41.43\ m^2$

(2) 木基层板按实际涂刷面积计算。

木基层板刷防火涂料两遍工程量＝

5.76×4.26+3.06×5.46+1×0.24−0.12×0.24×2=41.43 m^2

(3) 其他木材面按展开面积乘以表 3-15-4 的相关系数计算。

其他木材面层(木墙裙)刷底油、调和漆两遍工程量=

[(5.76+4.26)×2+0.12×4+(3.06+5.46)×2−1.5−1×2]×0.83=28.27 m^2

(4) 木门油漆多面涂刷按单面计算工程量。

木门均刷底油、调和漆两遍工程量=1.5×2.4+1×2.4=6 m^2

3. 编制预算书

根据预算书格式，编列该项目工程预算书，见表 3-5-6。

表 3-5-6　油漆工程分部分项工程预算书

序号	定额编号	项目名称	计量单位	工程数量
1	01-14-3-22	木地板打蜡一遍	m^2	41.43
2	01-14-3-20	木地板刷水晶地板漆两遍	m^2	41.43
3	01-14-3-13	木基层板刷防火涂料两遍	m^2	41.43
4	01-14-3-1	其他木材面层(木墙裙)刷底油、调和漆两遍	m^2	28.27
5	01-14-1-1	单层木门 刷底油、调和漆两遍	m^2	6

训练二：

图 3-5-2 为某旅馆套间平面图，房屋顶棚高度 3 m，请计算室内抹灰面刷乳胶漆三遍的工程量并编制工程预算书。M1：1.8 m×2.4 m C-1：2.0 m×1.8 m M-2：1.0 m×2.1 m。

【解】

1. 工程列项

根据《上海市建筑和装饰工程预算定额(SH 01-31-2016)》"第十四章　油漆、涂料、裱糊工程"进行列项，见表 3-5-7。

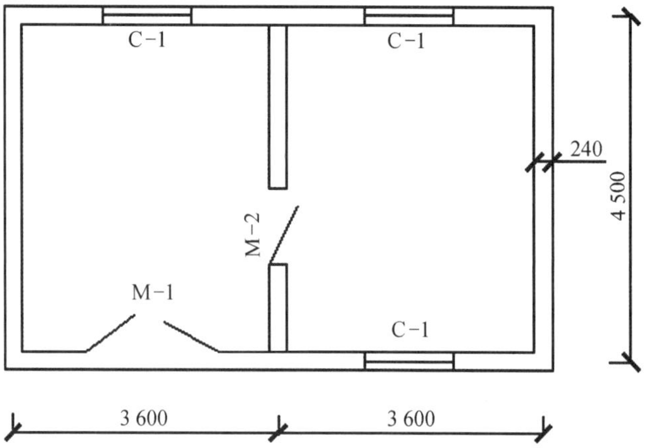

图 3-5-2　某旅馆套间平面图

2. 工程量计算

本工程按室内墙面净面积计算，扣除门窗洞所占面积。

工程量＝[(3.6－0.24)＋(4.5－0.24)]×2×2×3.0－(1.8×2.4＋1.0×2.1×2＋2.0×1.8×3)＝72.12 m^2

3. 编制预算书

根据预算书格式，编列该项目工程预算书，见表 3-5-7。

表 3-5-7　涂料工程分部分项工程预算书

序号	定额编号	项目名称	计量单位	工程数量
1	01-14-5-7	乳胶漆两遍 室内墙面	m^2	72.12
2	01-14-5-9	乳胶漆两遍 室内墙面 每增一遍	m^2	72.12

训练三：

试计算图 3-5-3 所示混凝土墙面贴不对花装饰纸的工程量，门高 2.5 m，窗高 1.5 m，层高 3.6 m，地面以上有 200 mm 的瓷砖贴面。

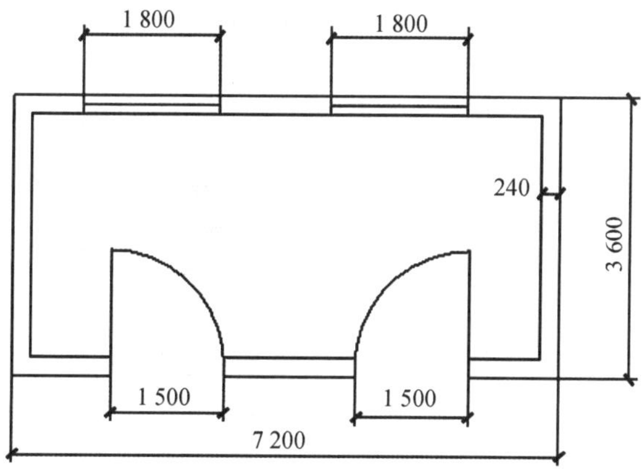

图 3-5-3　某房屋平面示意

【解】

1. 工程列项

根据《上海市建筑和装饰工程预算定额(SH 01-31-2016)》“第十四章　油漆、涂料、裱糊工程”进行列项，见表 3-5-8。

2. 工程量计算

墙面裱糊按设计图示尺寸以面积计算。

墙纸裱糊工程量＝总面积－门窗洞口面积＝[(7.2－0.24×2)×2＋(3.6－0.24×2)×2]×(3.6－0.2)－[(2.5－0.2)×1.5×2＋1.8×1.5×2]＝54.61 m^2

3. 编制预算书

根据预算书格式,编列该项目工程预算书,见表 3-5-8。

表 3-5-8 裱糊工程分部分项工程预算书

序号	定额编号	项目名称	计量单位	工程数量
1	01-14-7-3	墙面 普通壁纸 不对花	m^2	54.61

技能训练

图 3-5-4 所示顶棚吊顶为吸音板面层,刷底油、调和漆两遍、磁漆一遍,墙厚 240 mm,结合《上海市建筑和装饰工程预算定额(SH 01-31-2016)》,计算该吸音板顶棚的工程量并编制项目预算书,填写表 3-5-9 和表 3-5-10。

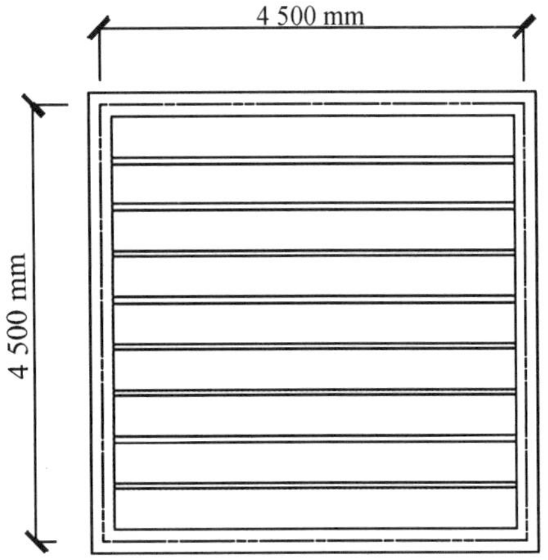

图 3-5-4 吸音板顶棚

表 3-5-9 油漆工程分部分项工程量计算式

序号	项目名称	工程量计算式

表 3-5-10 油漆工程分部分项工程预算书

序号	定额编号	项目名称	计量单位	工程数量

知识库

1. 请写出图 3-5-5 中油漆、涂料、裱糊工程对应的项目名称。

图①

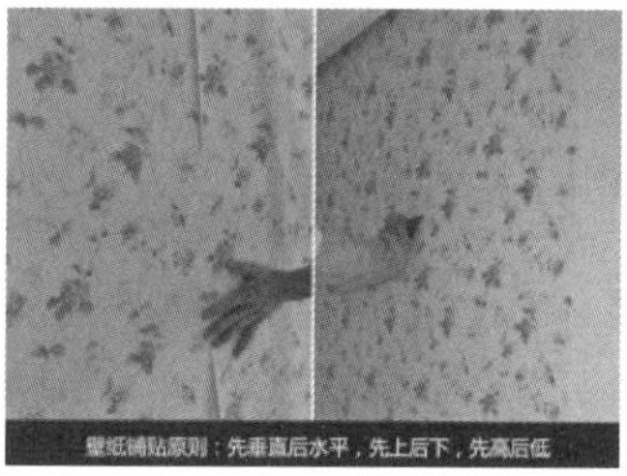

图②

图③

图④

图⑤

图⑥

图 3-5-5　各油漆、涂料、裱糊工程实例

图①__________　　图②__________　　图③__________

图④__________　　图⑤__________　　图⑥__________

2. 请根据文字描述内容选择对应的图片。

(1) 工程量计算时应按设计图示尺寸以面积计算，空洞、空圈、暖气包槽、壁龛的开口部分并入相应工程量。图 3-5-6 中用于表示该项目的图号是__________。

(2) 按设计图示尺寸以长乘宽计算再乘以系数 0.83。图 3-5-6 中用于表示该项目的图号是__________。

(3) 按设计图示尺寸以延长米计算再乘以系数 0.5。图 3-5-6 中用于表示该项目的图号是__________。

图①

图②

图③

图 3-5-6　各油漆、涂料、裱糊工程实例

3.6 其他装饰工程定额计量

目标要求

通过本模块的学习，使学生认识《上海市建筑和装饰工程预算定额(SH 01-31-2016)》中其他装饰工程的项目设置方法和项目工程量计算方法；能结合装饰工程施工图及施工要求，列出相应油漆、涂料、裱糊工程项目名称并计算工程数量。

任务布置

根据工程平面图及施工说明，完成其他装饰项目的设置，并计算其他装饰项目定额工程量。

知识准备

◎ 其他装饰项目有哪些类型？

其他装饰工程包括八类：柜类、货架；压条、装饰线；扶手、栏杆、栏板装饰；暖气罩；浴厕配件；雨篷、旗杆；招牌、灯箱；美术字。

1. 其他装饰工程的常用项目

其他装饰项目应参照《上海市建筑和装饰工程预算定额(SH 01-31-2016)》。表 3-6-1 列出了其他装饰常用项目。

表 3-6-1 其他装饰常用项目

定额编号	项目名称	计量单位
01-15-1-1	柜台 1 500 mm 长×500 mm 宽×900 mm 高	个
01-15-1-2	酒柜 1 650 mm 长×550 mm 宽×2 400 mm 高	个
01-15-1-3	衣柜 2 000 mm 长×550 mm 宽×2 600 mm 高	个
01-15-1-4	存包柜 1 500 mm 长×500 mm 宽×2 000 mm 高	个
01-15-2-1	金属装饰线(角线)宽度≤20 mm	m
01-15-2-6	木装饰线(压条)平面线宽度≤50 mm	m
01-15-2-11	石材装饰线(压条)粘贴宽度≤100 mm	m
01-15-2-15	石膏装饰线(压条)平面线宽度≤100 mm	m
01-15-3-1	不锈钢管栏杆带扶手 直形	m
01-15-3-3	不锈钢管栏杆带扶手 钢化玻璃栏板	m
01-15-5-1	石材洗漱台≤1 m^2	m^2

（续表）

定额编号	项目名称	计量单位
01-15-5-3	晒衣架	套
01-15-5-8	毛巾环	副
01-15-5-12	镜箱 560 mm 长×320 mm 宽×130 mm 高	个
01-15-6-1	玻璃雨篷 点支式	m^2
01-15-6-5	金属旗杆高度 10 m 内	根
01-15-7-1	平面招牌钢结构基层 一般	m^2
01-15-7-2	平面招牌钢结构基层复杂	m^2
01-15-8-1	聚氯乙烯字≤0.5 m^2	个
01-15-8-5	木质字≤0.5 m^2	个
01-15-8-7	金属字≤0.5 m^2	个

2. 定额说明

(1) 柜、台、架等以工厂成品(加工散件)，以现场拼装为准，按常用规格编制。当设计与定额不同时，可另行换算或补充；柜、台、架等定额包括五金配件(设计有特殊要求除外)，未考虑饰面板上贴其他花饰、造型艺术品等装饰材料。

(2) 压条、装饰线均按成品安装考虑；装饰线条按墙面直线型安装考虑；墙面安装圆弧型、天棚面安装直线型、圆弧型者，按相应定额子目乘以下列系数执行。

① 墙面安装圆弧型装饰线条，人工乘以系数 1.2、材料乘以系数 1.1。

② 天棚面安装直线型装饰线条，人工乘以系数 1.34。

③ 天棚面安装圆弧型装饰线条，人工乘以系数 1.6，材料乘以系数 1.1。

④ 装饰线条直接安装在金属龙骨上，人工乘以系数 1.68。

(3) 扶手、栏杆、栏板定额适用于楼梯、走廊、回廊及其他装饰性扶手、栏杆、栏板。扶手、栏杆、栏板定额子目按工厂成品考虑，包括扶手弯头、连接件及其他配件。定额子目内栏杆、栏板的主材消耗量与设计要求不同时，其消耗量可作调整。

(4) 暖气罩定额子目按工厂成品考虑。暖气罩未包括封边线、装饰线，如果设计另有要求，则按相应装饰线条子目执行。

(5) 浴厕配件定额子目按工厂成品考虑。石材洗漱台定额子目按工厂成品考虑，石材开孔、磨边、倒角等考虑在成品内。

(6) 点支式、托架式雨篷型钢骨架、爪件的规格、数量是按常用做法考虑，当设计要求与定额取定不同时，材料消耗量可以调整，人工、机械不变，雨篷斜拉杆另计。雨篷吊挂铝塑板、金属板饰面子目按平面雨篷考虑，不包括吊挂侧面。旗杆按常用材料及常用做法考虑，定额内铁件与设计用量不同时，材料可调整，其余不变。旗杆定额子目内未包括旗杆基础、旗杆台座及其饰面。

(7) 招牌钢结构基层、面层，当设计与定额考虑的材料品种、规格不同时，材料可以换算，其余不变。一般平面招牌是指正立面平整无凹凸面；复杂平面招牌是指正立面有凹凸面造型者。招牌基层以附墙方式考虑，当设计为独立式的，按相应定额子目人工乘以系数1.1。招牌定额子目不包括招牌所需喷绘、灯饰、灯光及配套机械。

(8) 美术字定额子目按工厂成品考虑。

(9) 如需做油漆、涂料、涂油，按《上海市建筑和装饰工程预算定额(SH 01-31-2016)》“第十四章　油漆、涂料、裱糊工程”相应定额子目执行。

3. 工程量计算规则

(1) 柜类、货架均按设计图示数量以个计算。

(2) 压条、装饰线：压条、装饰线条按设计图示线条中心线长度计算。注：若压条、装饰线条带45°割角，按线条外边线长度计算。

(3) 扶手、栏杆、栏板、成品栏杆(带扶手)均按其中心线长度(包括弯头)计算。

(4) 暖气罩按设计图示数量以个计算。

(5) 大理石洗漱台按设计图示尺寸以台面外接矩形面积计算，不扣除孔洞、挖弯、削角所占面积，挡板、吊沿板面积并入台面面积内。盥洗室台镜按设计图示外围面积计算。盥洗室镜箱、毛巾杆(架)、毛巾环、浴帘杆、浴缸拉手、卫生间拉手、肥皂盒、卫生纸盒、晒衣架等均按设计图示数量以个计算。

(6) 雨篷按设计图示尺寸水平投影面积计算。金属旗杆按设计图示数量以根计算。旗帜电动升降系统、旗帜风动系统均按设计图示数量以套计算。

(7) 一般招牌基层按设计图示尺寸以正立面边框外围面积计算，复杂招牌基层，按设计图示尺寸以展开面积计算。招牌面层按设计图示尺寸以展开面积计算；喷绘、突出面层的灯饰、店徽及其他艺术装饰另行计算。

(8) 美术字按字的最大外接矩形面积区分规格，以设计图示数量计算。

举例说明

训练一：

按图3-6-1所示要求设计饭店招牌，该字为金属字，尺寸为450 mm×500 mm，面层为不锈钢，用螺栓固定。为增加艺术效果，要求招牌边框用金属装饰线，角形线，规格为边宽16 mm，厚为1 mm，长为3 m，刷白色油漆一遍。请分别计算金属装饰线、招牌面层和美术字的工程量。

【解】

1. 工程列项

根据《上海市建筑和装饰工程预算定额(SH 01-31-2016)》“第十五章　楼地面装饰工程”进行列项，见表3-6-2。

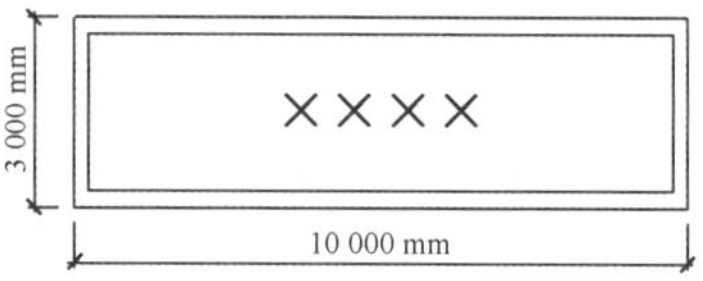

图3-6-1　某饭店招牌平面图

2. 工程量计算

(1) 金属装饰线按设计图示尺寸以中心线长度计算。

工程量=(10−0.001+2−0.001)×2=24.00 m

(2) 招牌面层按设计图示尺寸以展开面积计算。

工程量=(10−0.002)×(2−0.002)=19.98 m^2

(3) 金属字按装字的最大外接矩形面积以个计算。

S=0.45×0.5=0.225 m^2

工程量=4 个

3. 编制预算书

根据预算书格式，编列该项目工程预算书，见表 3-6-2。

表 3-6-2　其他装饰分部分项工程预算书

序号	定额编号	项目名称	计量单位	工程数量
1	01-15-2-1	金属装饰线(角线)宽度≤20 mm	m	24
2	01-15-7-4	招牌面层不锈钢	m^2	19.98
3	01-15-8-7	金属字	个	4

训练二：

某工程有客房 20 间，按业主施工图设计，客房卫生间内有大理石洗漱台、镜面玻璃，毛巾架、肥皂盒等配件，如图 3-6-2 所示，尺寸如下：大理石台板 1 800 mm×600 mm×20 mm，侧板为 1 800 mm×200 mm×20 mm，开单孔，台板磨半圆边、玻璃镜 1 500 mm(宽)×1 200 mm(高)、不带框，毛巾架 1 套/间，材料为不锈钢，肥皂盒(嵌入式)为塑料的 1 个/间，试计算其工程量。

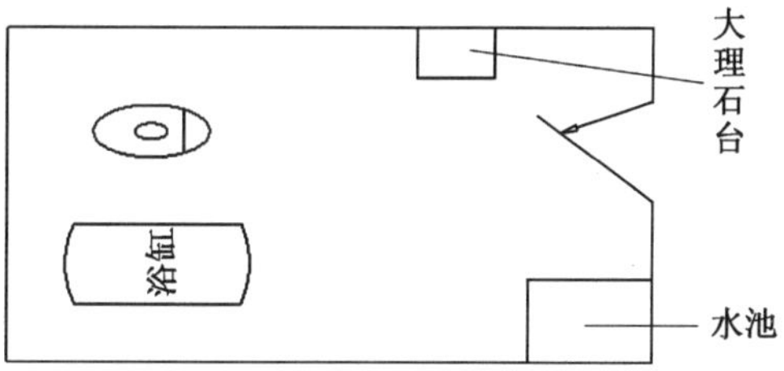

图 3-6-2　某卫生间平面图

【解】

1. 工程列项

根据《上海市建筑和装饰工程预算定额(SH 01-31-2016)》“第十五章　其他装饰工程”进行列项，见表 3-6-3。

2. 工程量计算

(1) 大理石洗漱台工程量。

大理石洗漱台按设计图示尺寸以台面外接矩形面积计算，不扣除孔洞、挖弯、削角所占面积。挡板、吊沿板面积并入台面面积内。

工程量＝1.8×0.6×20＋1.8×0.2×20＝28.80 m^2

(2) 盥洗室毛巾杆(架)、肥皂盒等均按设计图示数量以个计算。

毛巾杆工程量＝20 副

(3) 肥皂盒工程量＝20 个。

(4) 台镜按设计图示外围面积计算。

工程量＝1.5×1.2×20＝36.00 m^2

3. 编制工程预算书

根据预算书格式，编列该项目工程预算书，见表 3-6-3。

表 3-6-3 其他装饰工程分部分项工程预算书

序号	定额编号	项目名称	计量单位	工程数量
1	01-15-5-2	石材洗漱台＞1 m^2	m^2	28.8
2	01-15-5-7	毛巾杆(架)	副	20
3	01-15-5-10	肥皂盒 嵌入式	个	20
4	01-15-5-11	盥洗室台镜安装 不带框	m^2	36

训练三：

某邮政营业厅平面图如图 3-6-3 所示，其内墙装饰，设计要求墙裙上用镜面玻璃条进行装饰，其线条规格为边宽 60 mm，高为 20 mm，厚为 4 mm，试计算其工程量。

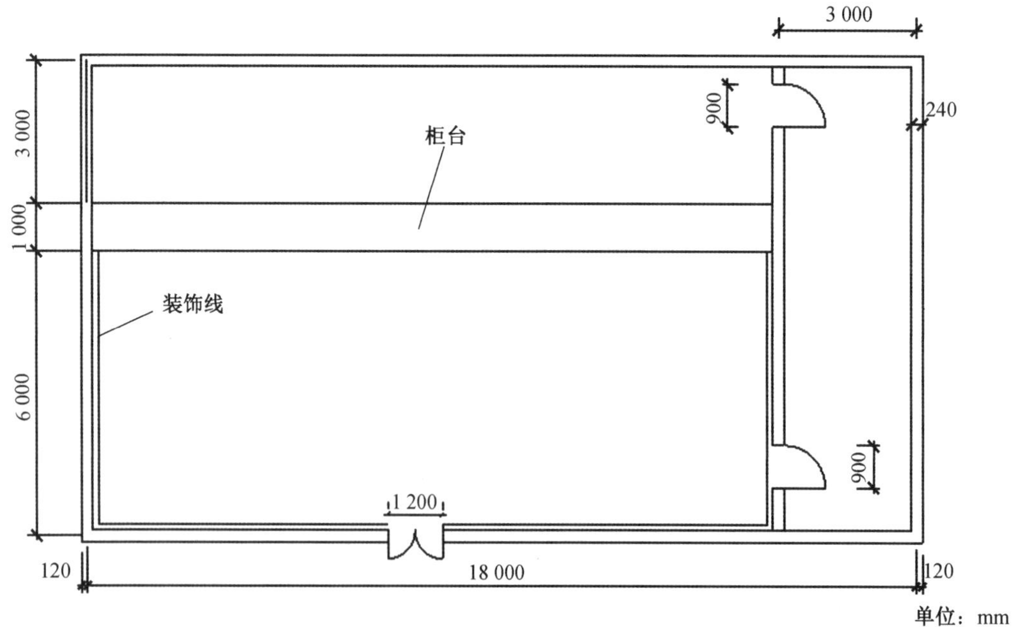

图 3-6-3 某邮政营业厅平面图

【解】

1. 工程列项

根据《上海市建筑和装饰工程预算定额(SH 01-31-2016)》“第十五章　其他装饰工程”进行列项，见表 3-6-4。

2. 工程量计算

装饰线条按设计图示线条中心线长度计算。

外墙里皮长度＝[(6－0.12)＋(6－0.12－0.9)＋(18－3－0.12×2)] m

扣除门宽 1.2 m

装饰线工程量＝25.62－1.2＝24.42 m

3. 编制预算书

根据预算书格式，编列该项目工程预算书，见表 3-6-4。

表 3-6-4　其他装饰工程分部分项工程预算书

序号	定额编号	项目名称	计量单位	工程数量
1	01-15-2-19	镜面玻璃条	m	24.42

技能训练

如图 3-6-4 所示，设计要求做木质装饰线，结合《上海市建筑和装饰工程预算定额(SH 01-31-2016)》，计算该工程木质装饰线的工程量并编制项目预算书，填写表 3-6-5 和表 3-6-6。

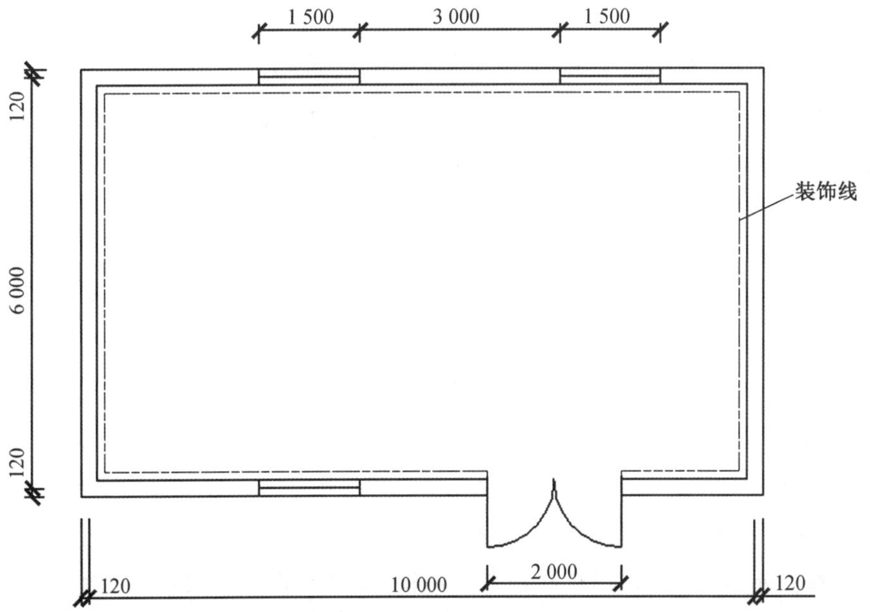

图 3-6-4　某工程平面图

表 3-6-5　其他装饰工程分部分项工程量计算式

序号	项目名称	工程量计算式

表 3-6-6　其他装饰工程分部分项工程预算书

序号	定额编号	项目名称	计量单位	工程数量

知识库

1. 请写出图 3-6-5 中其他装饰工程对应的项目名称。

图①

图②

图③

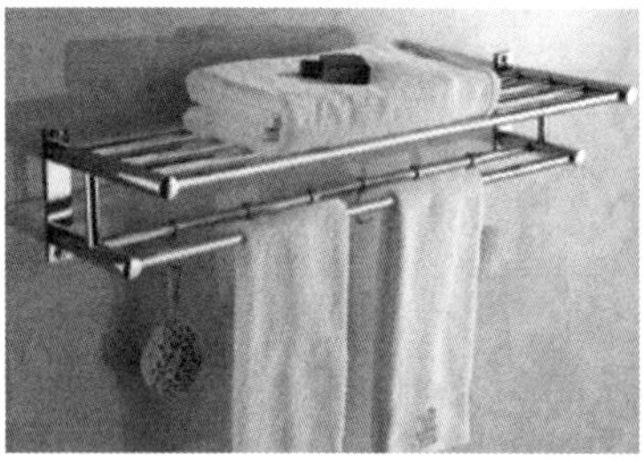

图④

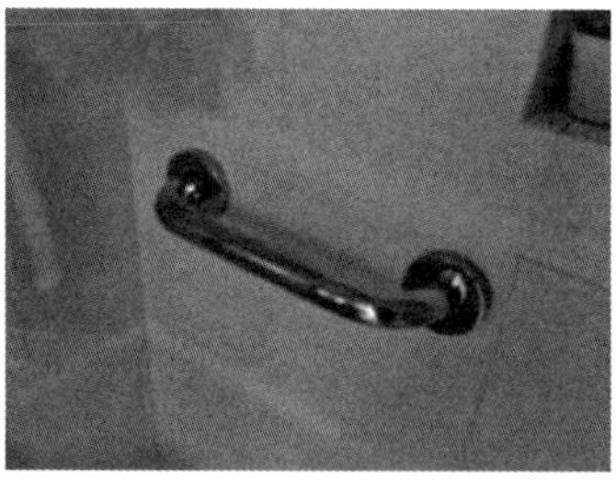

图⑤

图⑥

图 3-6-5　其他装饰工程实例

图①__________　　图②__________　　图③__________

图④__________　　图⑤__________　　图⑥__________

2. 请根据文字描述内容选择对应的图片。

(1) 工程量计算时按设计图示线条中心线长度计算，若带 45°割角，按线条外边线长度计算。图 3-6-6 中用于表示的图号是__________。

(2) 工程量计算时按设计图示尺寸以展开面积计算。图 3-6-6 中用于表示的图号是________。

(3) 工程量计算按设计图示尺寸以台面外接矩形面积计算,不扣除孔洞、挖弯、削角所占面积。挡板、吊沿板面积并入台面面积内。图 3-6-6 中用于表示的图号是________。

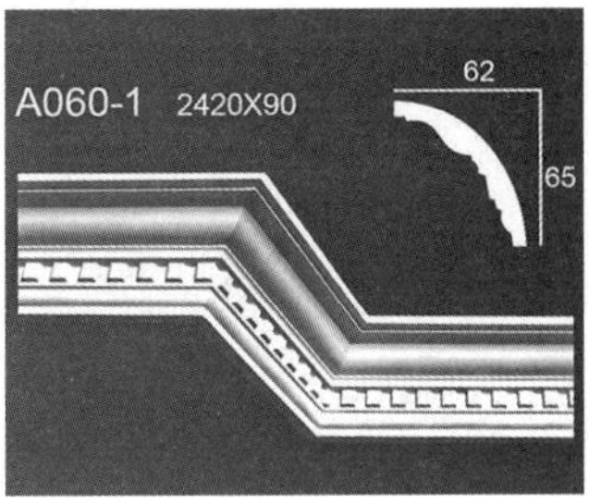

图①

图②

图③

图 3-6-6　其他装饰工程量计算实例

3.7　措施项目定额计量

目标要求

通过本单元的学习,使学生能结合《上海市建筑和装饰工程预算定额(SH 01-31-2016)》正确列出脚手架、建筑物超高降效及垂直运输项目定额子目编号,能运用工程量计算规则,准确计算其工程量。

3.7.1　脚手架工程项目计量

任务布置

根据建筑工程施工图纸、结合定额,列出脚手架定额子目编号及项目名称,计算脚手架项目工程量,编制工程量计算书。

知识准备

◎ 脚手架工程项目有哪些类型?

◎ 里脚手架工程项目有哪些?

◎ 外脚手架工程项目有哪些?

1. 脚手架的常用项目

脚手架工程项目应参照《上海市建筑和装饰工程预算定额(SH 01-31-2016)》。表 3-7-1 列出了脚手架常用工程项目。

表 3-7-1　脚手架常用工程项目

定额编号	项目名称	计量单位
01-17-1-1	钢管双排外脚手架—高 12 m 以内	m^2
01-17-1-4	钢管双排外脚手架—高 45 m 以内	m^2
01-17-1-7	钢管双排外脚手架—高 90 m 以内	m^2
01-17-1-10	钢管里脚手架—3.6 m 以上砌墙专用	m^2
01-17-1-11	钢管满堂脚手架	m^2

2. 定额说明

(1) 脚手架定额除高压线防护脚手架外，均按钢管式脚手架编制。

(2) 外脚手架：

① 外脚手架定额高度自设计室内地坪至檐口屋面结构板面。

② 多跨建筑物高度不同时，外墙脚手架定额 12 m 以内，20 m 以内子目适用于檐高 20 m 以内的建筑物；外墙脚手架定额 30 m 以内至 120 m 以内子目适用于檐高超过 20 m 的建筑物。

③ 定额中已包括分段搭设的悬挑型钢、外挑式防坠安全网。

④ 外脚手架定额子目中已综合考虑了脚手架基础加固、全封闭密目安全网、斜道、上料平台、简易爬梯及屋面顶部滚出物防患措施等。

⑤ 高度在 3.6 m 以上的外墙面装饰，如不能利用原外脚手架时，可计算装饰脚手架定额。装饰脚手架执行相应外脚手架定额乘以系数 0.3。

⑥ 埋深 3 m 以上的地下室外墙、设备基础必须搭设脚手架时，按外脚手架相应定额子目执行。

⑦ 高度在 3.6 m 以下的外墙(独立柱)不计算外脚手架。

(3) 整体提升脚手架：

① 整体提升脚手架定额适用于高层建筑的外墙施工，定额中已包括了全封闭密目安全网、全封闭防混凝土渣外泄钢丝网、外挑式防坠安全网和架体顶部及底部隔离。

② 整体提升脚手架定额子目中的提升装置及架体为一个提升系统，包括提升用设备及其配套的竖占长加山亚埃加垃结装置、防倾覆装置、及其附属构件。

(4) 里脚手架：

① 内墙及围墙砌筑高度 3.6 m 以上者，可计算砌筑用里脚手架。

② 室内净高 3.6 m 以上，需做内墙抹灰者，可计算抹灰脚手架。

③ 室内净高 3.6 m 以上，需做吊平顶或板底粉面者，可按满堂脚手架计算，但不再计算抹灰脚手架。

④ 高度在 3.6 m 以下的内墙(独立柱)不计算脚手架。

(5) 其他脚手架：

① 钢管电梯井脚手架分别按结构及安装搭设编制。当结构搭设的脚手架延续至安装使用时，在套用安装用电梯井脚手架定额时，应扣除定额中的人工及机械部分。

② 外装饰吊篮定额适用于外立面装饰用脚手架。

3. 工程量计算规则

(1) 外脚手架按外墙外边线长度乘以外墙高度以面积计算。不扣除门、窗、洞口、空圈等所占面积。同一建筑物高度不同时，应按不同高度分别计算。

① 脚手架计算高度自设计室外地坪面至檐口屋面结构板面。有女儿墙时，高度算至女儿墙顶面。

② 斜屋面的山尖部分只计面积不计高度，并入相应墙体外脚手架工程量内。

③ 坡度大于45°铺瓦脚手架按屋脊高乘以周长以平方米计算，工程量并入相应墙体用外脚手架内。

④ 建筑物屋面以上的楼梯间、电梯间、水箱间等与外墙连成一片的墙体，其脚手架工程量并入主体建筑脚手架工程量内，按主体建筑物高度的脚手架定额子目计算。

⑤ 埋深3 m以上的地下室外墙、设备基础脚手架，按基础垫层面至基础到板面的垂直投影面积计算。

⑥ 独立柱脚手架，按设计图示结构外围周长另加3.6 m乘以柱高以面积计算。

(2) 整体提升脚手架按外墙外边线长度乘以外墙高度以面积计算。不扣除门、窗、洞口、空圈等所占面积。

(3) 里脚手架按设计图示墙面垂直投影面积计算，不扣除门、窗、洞口、空圈等所占面积。脚手架的高度按设计室内地坪面至楼板或屋面板底计算。

① 围墙脚手架按设计图示尺寸以面积计算，高度按设计室外地坪面至围墙顶的距离计算，长度按围墙中心线计算，不扣除圈墙门所占面积。如需搭设双面脚手时，另一面脚手架按抹灰用里脚手架定额子目执行，计算方法按砌筑里脚手架。

② 满堂脚手架，按室内地面净面积计算，不扣除柱、垛所占的面积。满堂脚手架高度3.60～5.20 m为基本层，每增高1.20 m为一个增加层，以此累加(增高0.60 m以内的不计)。

(4) 其他脚手架：

① 电梯井脚手架按单孔(一座电梯)以座计算，高度自电梯井坑底板面至屋面电梯机房的板底。

② 建筑物搭设钢管水平防护架，按立杆中心线的水平投影面积计算。

③ 搭设使用期超过基本使用期(6个月)，可按每增加个1月子目累计计算。

④ 高压线防护架按搭设长度以米计算。

⑤ 搭设使用期超过基本使用期(5个月)，可按每增加1个月子目累计计算。

⑥ 金属构件安全护栏，按金属构件安装的质量计算。

⑦ 外装饰吊篮按外墙垂直投影面积计算，不扣除门窗洞口所占面积。

举例说明

某建筑的平面图、立面图如图 3-7-1 所示，室外标高为−0.8 m，本工程施工方案采用双排钢管扣件式外脚手架、根据定额列项并计算外脚手架工程量(注：不计超 30 m 的围护网工程量)。

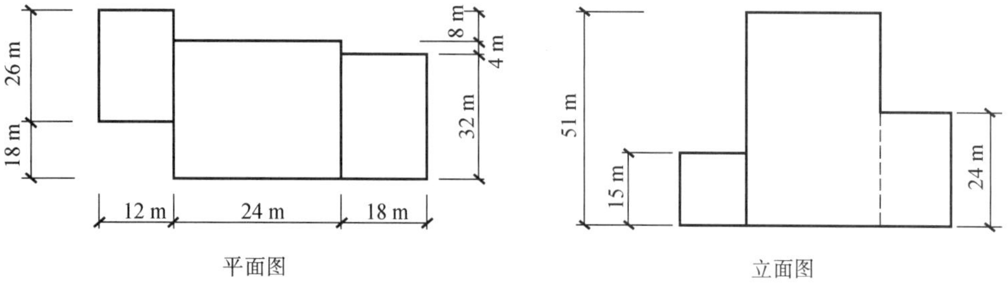

图 3-7-1 某建筑物的平面图、立面图

【解】

1. 工程列项

读立面图，建筑物的地面高度有 15 m，24 m，51 m，室外标高为−0.8 m。

查定额：钢管双排外脚手 12 m 以内，定额子目为：01-17-1-1

钢管双排外脚手 20 m 以内，定额子目为：01-17-1-2

钢管双排外脚手 30 m 以内，定额子目为：01-17-1-3

钢管双排外脚手 45 m 以内，定额子目为：01-17-1-4

钢管双排外脚手 60 m 以内，定额子目为：01-17-1-5

2. 工程量计算

外脚手架的计算规则：按外墙垂直投影面积以平方米计算。

$$S=L\times H$$

式中 S ——外脚手架工程量；

L ——计算建筑物的外墙外边线总长度；

H ——计算建筑物的高度(高度计算规则查定额)。

01-17-1-1 钢管双排外脚手 20 m 以内：

$H=15+0.8=15.8$ m

$S=L\times H=(12\times 2+26+8)\times 15.8=916.4\ \text{m}^2$

01-17-1-5 钢管双排外脚手 60 m 以内：

$H=51+0.8=51.8$ m

$S=L\times H=(24\times 2+18+4)\times 51.8+32\times(51-24)+(26-8)\times(51-15)=5\,138\ \text{m}^2$

01-17-1-3 钢管双排外脚手 30 m 以内：

$H=L\times H=24+0.8=24.8$ m

$S=(18\times 2+32)\times 24.8=1\,686.4$ m^2

3. 编制预算书

根据预算书格式，编制该项目工程预算书(表 3-7-2)。

表 3-7-2 工程预算书

序号	定额编号	项目名称	计量单位	工程数量
1	01-17-1-1	钢管双排外脚手 15.8 m	m^2	916.4
2	01-17-1-3	钢管双排外脚手 24.8 m	m^2	1 686.4
3	01-17-1-5	钢管双排外脚手 51.8 m	m^2	5 138

技能训练

根据图 3-7-2 所示，请列出外脚手架定额子目并计算工程量，填写表 3-7-3、表 3-7-4。

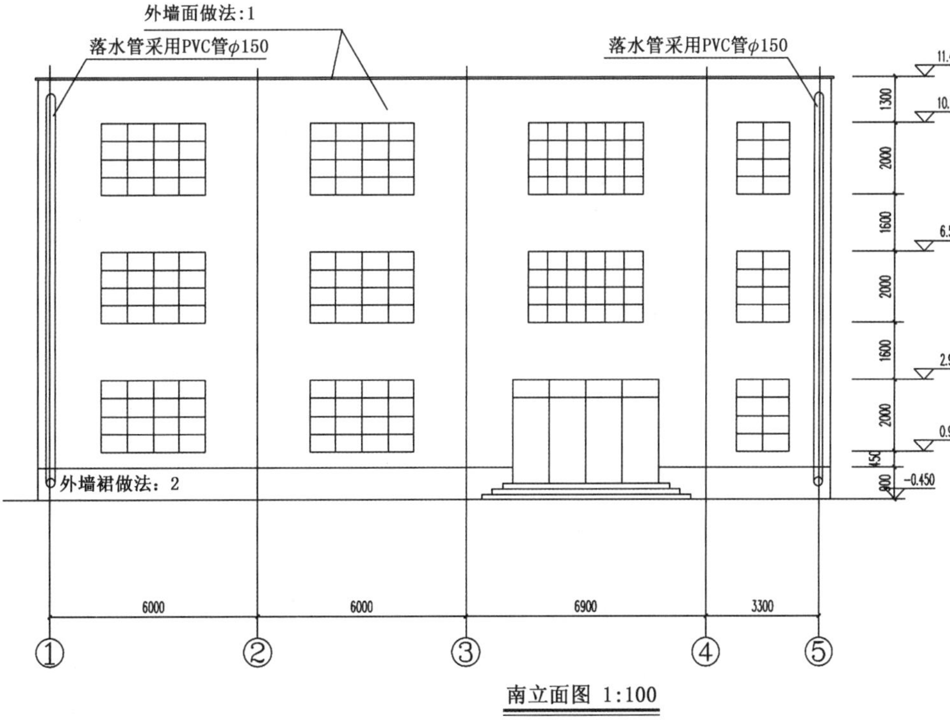

(a)

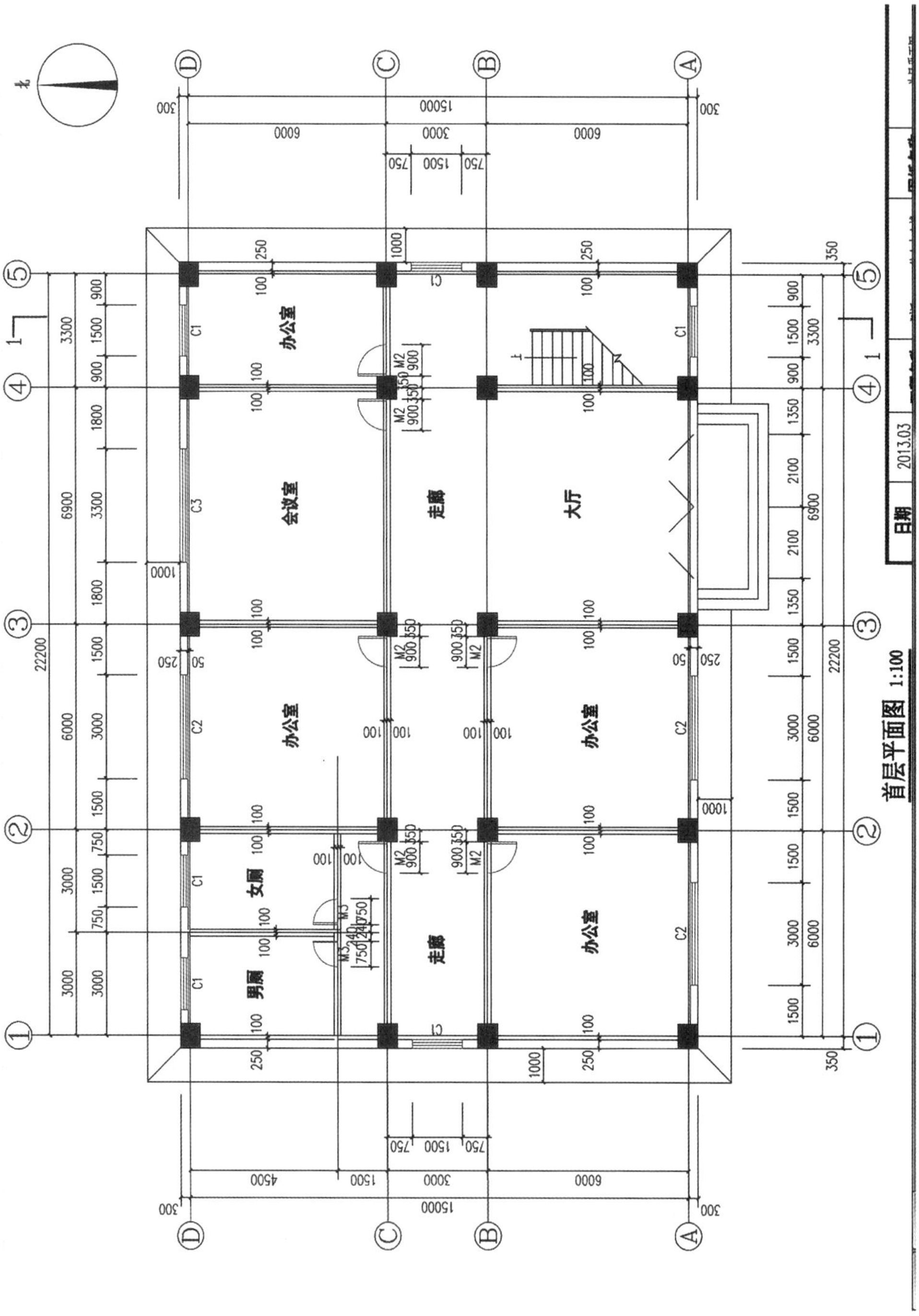

(b)

图 3-7-2 某建筑物立面图和平面图

表 3-7-3　脚手架分部分项工程量计算式

序号	项目名称	工程量计算式

表 3-7-4　脚手架分部分项工程预算书

序号	定额编号	项目名称	计量单位	工程数量

知识库

（1）脚手架计算高度为自设计室外地坪至檐口的垂直距离。有女儿墙时，高度算至女儿墙顶面。

（2）独立柱脚手架，按设计图示结构外围周长另加乘以柱高以面积算。

（3）里脚手架按设计图示墙面垂直投影面积计算。不扣除门、窗、洞口、空圈等所占面积。

3.7.2　超高降效、垂直运输项目计量

任务布置

根据建筑工程施工图纸及施工要求、结合定额，列出建筑物超高降效、垂直运输工程定额子目编号及项目名称，运用计算规则准确计算建筑物超高降效、垂直运输工程量并编制工程量计算书。

知识准备

◎ 超高施工增加、垂直运输项目有哪些类型？

◎ 超高施工增加项目有哪些？

◎ 垂直运输项目有哪些？

1. 超高施工增加、垂直运输的常用项目

超高施工增加、垂直运输项目应参照《上海市建筑和装饰工程预算定额(SH 01-31-2016)》。表 3-7-5 列出了超高施工增加、垂直运输常用项目。

表 3-7-5　超高施工增加、垂直运输常用项目

定额编号	项目名称	计量单位
01-17-3-1	垂直运输机械及相应设备—卷扬机施工—建筑物高度 20 m 以内	m^2
01-17-3-2	垂直运输机械及相应设备—塔吊施工—建筑物高度 20 m 以内	m^2
01-17-3-4	垂直运输机械及相应设备—建筑物高度 45 m 以内	m^2
01-17-3-6	垂直运输机械及相应设备—建筑物高度 75 m 以内	m^2
01-17-4-1	超高施工增加—建筑物高度 30 m 以内	m^2
01-17-4-2	超高施工增加—建筑物高度 45 m 以内	m^2
01-17-4-3	超高施工增加—建筑物高度 60 m 以内	m^2

2. 定额说明

(1) 建筑物高度为设计室内地坪(±0.00)至檐口屋面结构板面。突出主体建筑屋顶的电梯间、楼梯间、水箱间等不计人檐口高度之内。

(2) 同一建筑物多跨檐高不同时，分别计算建筑面积，按各自的建筑物高度执行相应定额子目。

(3) 檐高 3.6 m 以内的单层建筑，不计算垂直运输机械台班。

(4) 定额内不同建筑物高度的垂直运输机械子目按层高 3.6 m 考虑，超过 3.6 m 的，应另计层高超高垂直运输增加费，每超过 1 m(超过不足 1 m，按 1 m 计算)，其超过部分按相应定额子目增加 10%。

(5) 大型连通地下室的垂直运输机械，按独立地下室相应子目执行。

(6) 垂直运输工作内容，包括单位工程在合理工期内完成全部工程项目所需要的垂直运输机械台班。不包括机械的场外往返运输，一次安拆及路基铺垫和轨道铺拆等的费用。

(7) 建筑物超高增加人工机械定额适用于檐高高度超过 20 m，多层建筑中超过 6 层的建筑物。

3. 工程量计算规则

(1) 建筑物的垂直运输应区分不同建筑物高度按建筑面积计算。

(2) 建筑物有高低层时，应按不同高度的垂直分界面分别计算建筑面积。

(3) 超出屋面的楼梯间、电梯机房、水箱间、塔楼等可计算建筑面积，但不计算高度。

(4) 有地下室的建筑物(除大型连通地下室外)，其地下室面积与地上面积合并计算。

(5) 独立地下室及大型连通地下室单独计算建筑面积。大型连通地下室与地上建筑物的面积划分，按地下室与地上建筑物接触面的水平界面分别计算建筑面积。

(6) 垂直运输按泵送混凝土考虑，如采用非泵送，除按相应定额子目执行外，可另增加

垂直运输台班用量，增加的台班用量按相应定额子目消耗量乘以系数 0.06，再乘以非泵送混凝土数量占全部混凝土数量的百分比计算。

(7) 输送泵输送泵车、输送泵管工程量按以下规定计算：

① 垂直泵管安拆按设计室内地坪(±0.000)至屋面檐口板面加 500 mm 以长度计算。

② 水平泵管安拆按建筑物外墙周长的一半以长度计算。

③ 泵管使用按(天×m)计算。使用天数按施工组织设计确定的天数计算。

④ 输送泵车及输送泵按泵送混凝土相应定额子目的混凝土消耗量以体积计算。

⑤ 施工组织设计采用二级及二级以上输送泵者，二级时按输送泵定额消耗量乘以 2，以此类推。

(8) 建筑物超高施工增加的人工、机械按建筑物超高部分的建筑面积计算。

举例说明

某综合楼为高低跨结构。高跨 46 m，超过 20 m 部分的建筑面积 30 000 m^2；低跨 31 m，超过 20 m 部分的建筑面积 10 000 m^2。试计算有关建筑超高施工增加的工程量。

【解】

1. 工程量计算

根据计算规则：建筑物超高施工增加的人工、机械，应根据建筑物不同高度超高部分的建筑面积计算。

(1) 计算高跨部分的超高施工增加工程量。

根据高度 60 m 查定额：工程量＝30 000 m^2

(2) 计算低跨部分的降效工程量。

根据高度 31 m，查定额：工程量＝10 000 m^2

2. 编制工程预算书

根据工程预算书格式，编制该项目工程预算书(表 3-7-6)。

表 3-7-6　超高施工工程预算书

序号	定额编号	项目名称	计量单位	工程数量
1	01-17-4-1	超高施工增加 建筑物高度 45 m 以内	m^2	10 000
2	01-17-4-3	超高施工增加 建筑物高度 60 m 以内	m^2	30 000

技能训练

已知建筑物高 37 m，每层建筑面积为 2 000 m^2，首层层高为 6 m，设备层为 2.3 m，其余层高均为 2.8 m，求建筑物垂直运输及超高建筑施工增加的工程量，填写表 3-7-7 和表 3-7-8。

表 3-7-7　垂直运输分部分项工程量计算式

序号	项目名称	工程量计算式

表 3-7-8　垂直运输分部分项工程预算书

序号	定额编号	项目名称	计量单位	工程数量

工 程 实 例

综合训练图纸(一)

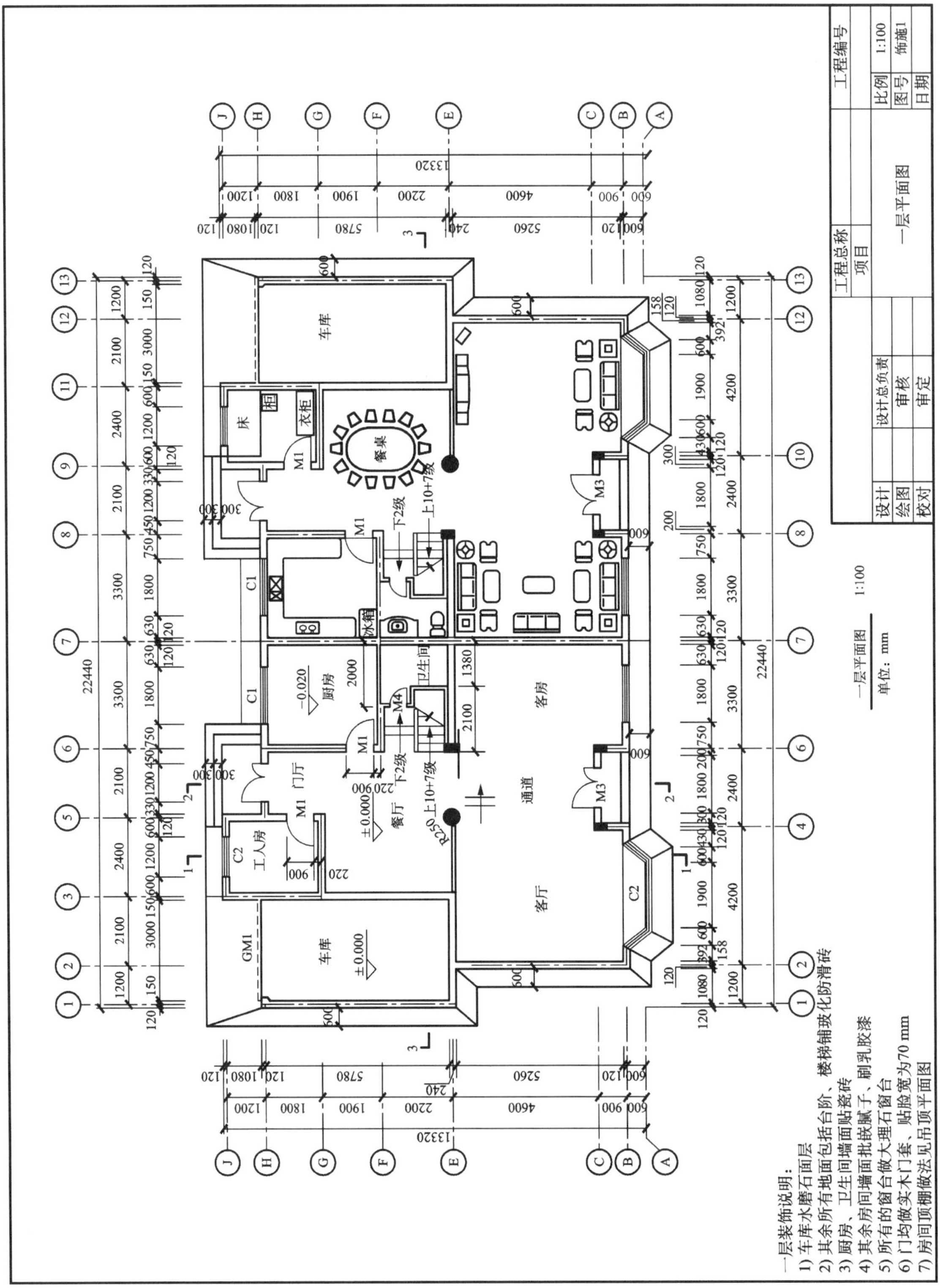
一层平面图 1:100
单位：mm
工程总称
项目
工程编号
比例 1:100
图号 饰施1
日期
设计总负责
审核
审定
设计
绘图
校对
车库
客厅
客房
通道
餐厅
门厅
厨房
工人房
卫生间
餐桌
衣柜
冰箱
一层装饰说明：
1) 车库水磨石面层
2) 其余所有地面包括台阶、楼梯铺玻化防滑砖
3) 厨房、卫生间墙面贴瓷砖
4) 其余房间墙面批腻子、刷乳胶漆
5) 所有的窗台做大理石窗台
6) 门均做实木门套，贴脸宽为70 mm
7) 房间顶棚做法见吊顶平面图

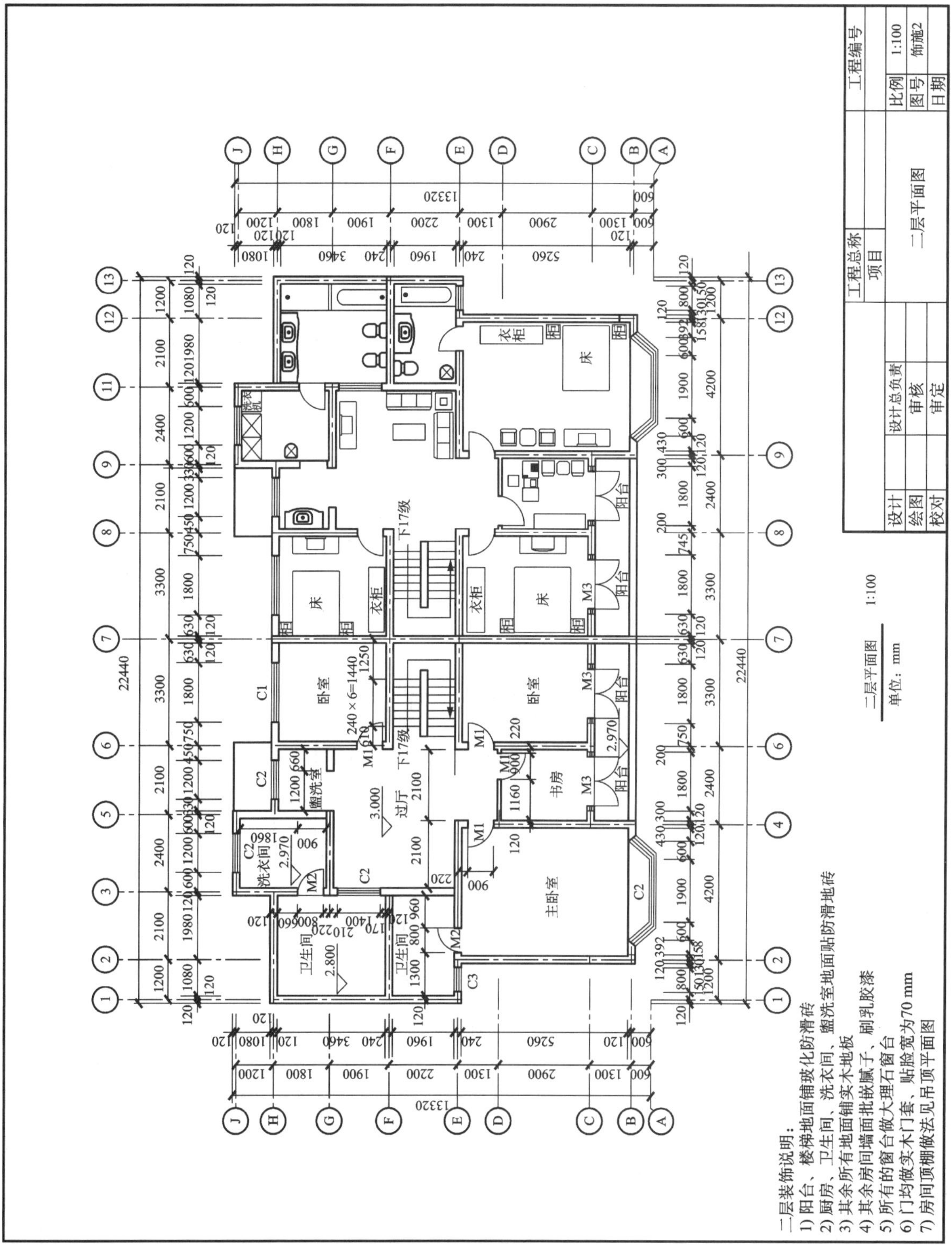
二层装饰说明:
1) 阳台、楼梯地面铺玻化防滑砖
2) 厨房、卫生间、洗衣间、盥洗室地面贴防滑地砖
3) 其余所有地面铺实木地板
4) 其余房间墙面批嵌腻子，刷乳胶漆
5) 所有的窗台做大理石窗台
6) 门均做实木门套，贴脸宽为70 mm
7) 房间顶棚做法见吊顶平面图
二层平面图　1:100
单位：mm
工程总称
项目
工程编号
设计总负责
审核
审定
设计
绘图
校对
比例　1:100
图号　饰施2
日期
二层平面图
主卧室
卧室
书房
卫生间
洗衣间
盥洗室
过厅
阳台
衣柜
床
下17级
13320
22440

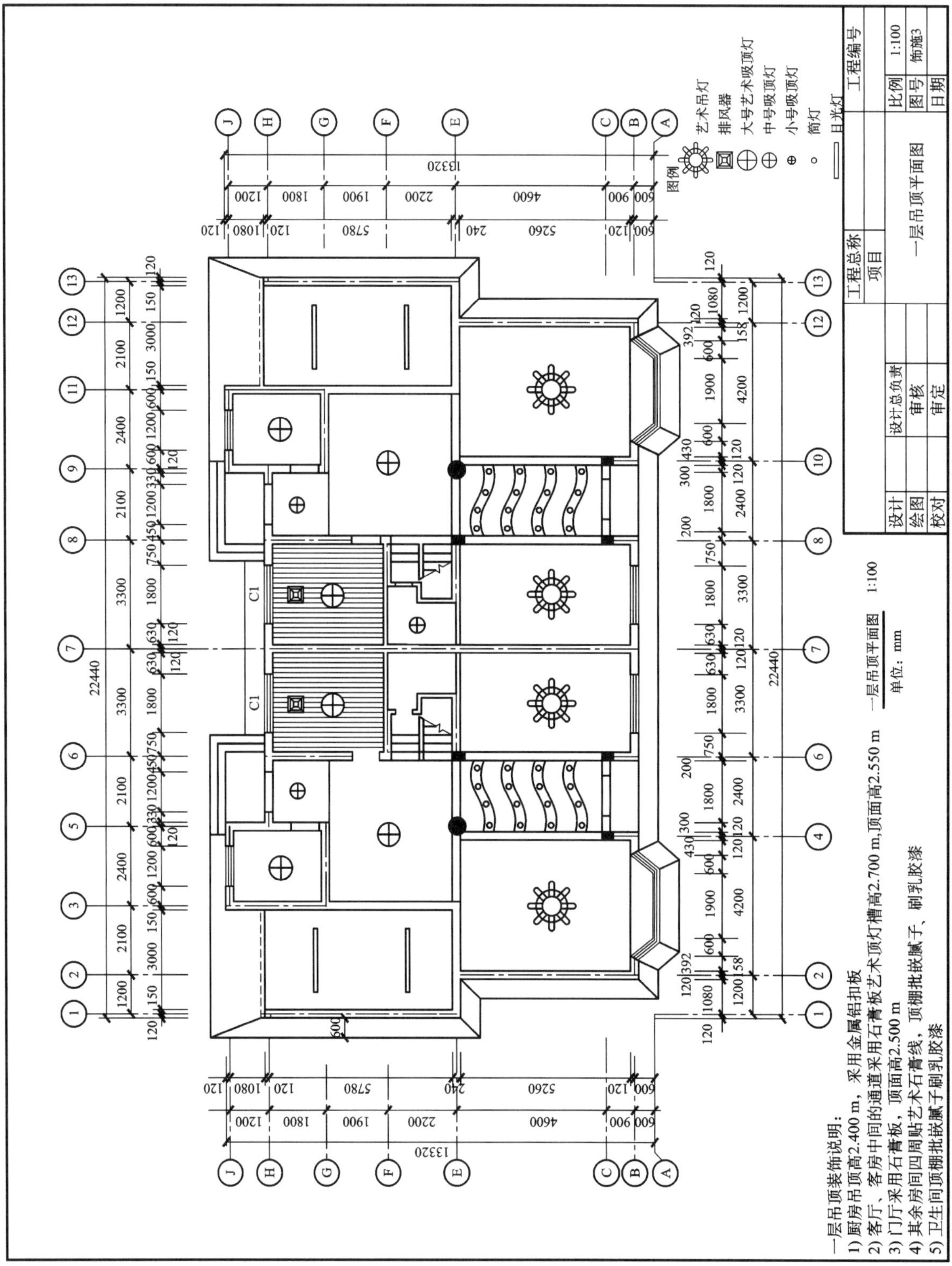
一层吊顶装饰说明:
1) 厨房吊顶高2.400 m，采用金属铝扣板
2) 客厅、客房中间的通道采用石膏板艺术顶灯槽高2.700 m,顶面高2.550 m
3) 门厅采用石膏板，顶面高2.500 m
4) 其余房间四周贴艺术石膏线，顶棚批嵌腻子、刷乳胶漆
5) 卫生间顶棚批嵌腻子刷乳胶漆
一层吊顶平面图 1:100
单位：mm
图例
艺术吊灯
排风器
大号艺术吸顶灯
中号吸顶灯
小号吸顶灯
筒灯
日光灯
工程总称
工程编号
项目
一层吊顶平面图
比例 1:100
图号 饰施3
日期
设计 设计总负责
绘图 审核
校对 审定
22440
13320

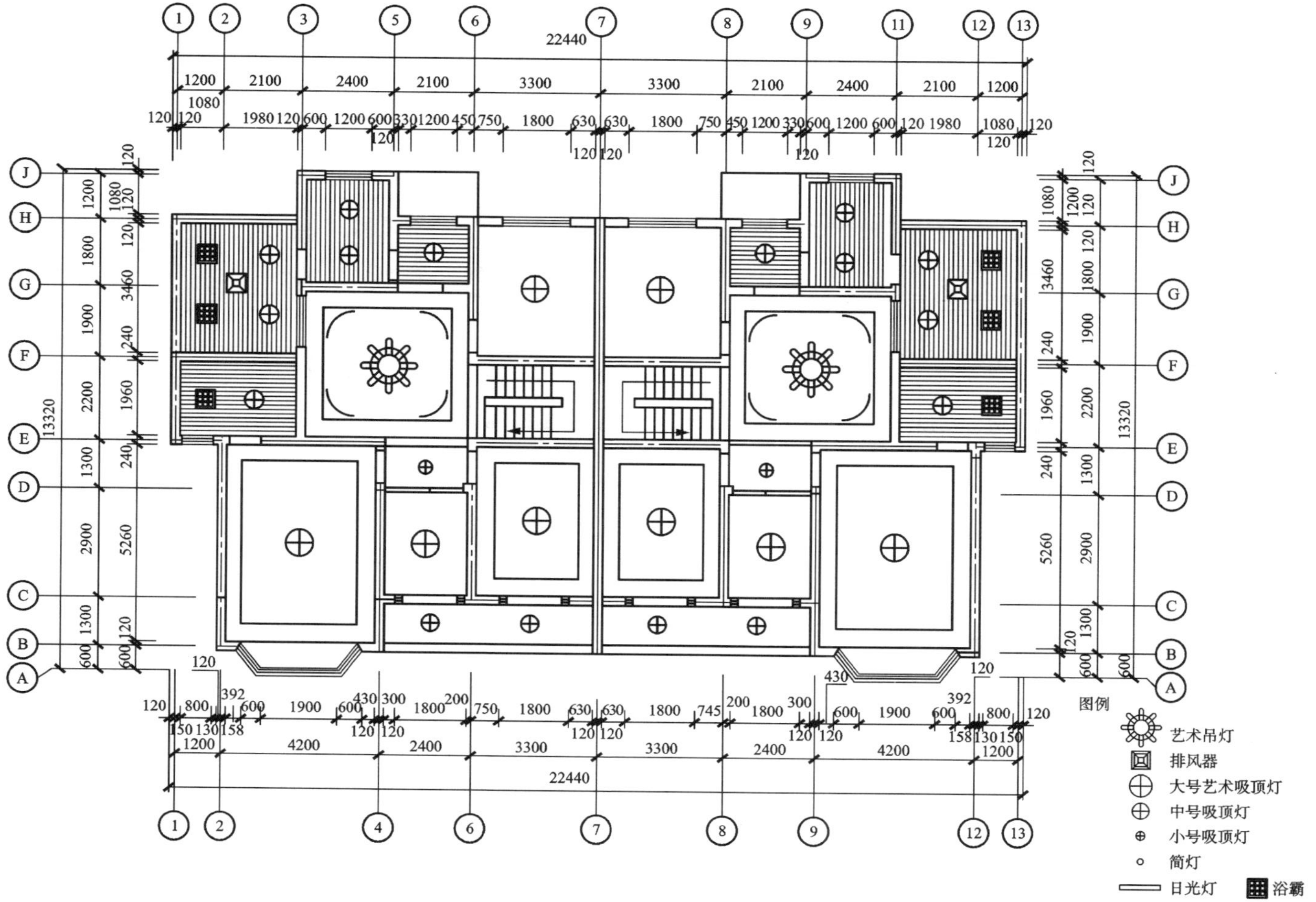

二层吊顶装饰说明：
1) 卫生间、洗衣房、盥洗室吊顶高2.400 m，采用金属铝扣板
2) 书房前两卧室通道采用石膏板吊顶，顶面高2.500 m
3) 其余房间四周贴艺术石膏线，顶棚批嵌腻子、刷乳胶漆

二层吊顶平面图　1:100
单位：mm

		工程总称			工程编号	
		项目				
设计		设计总负责		二层吊顶平面图	比例	1:100
绘图		审核			图号	饰施4
校对		审定			日期	

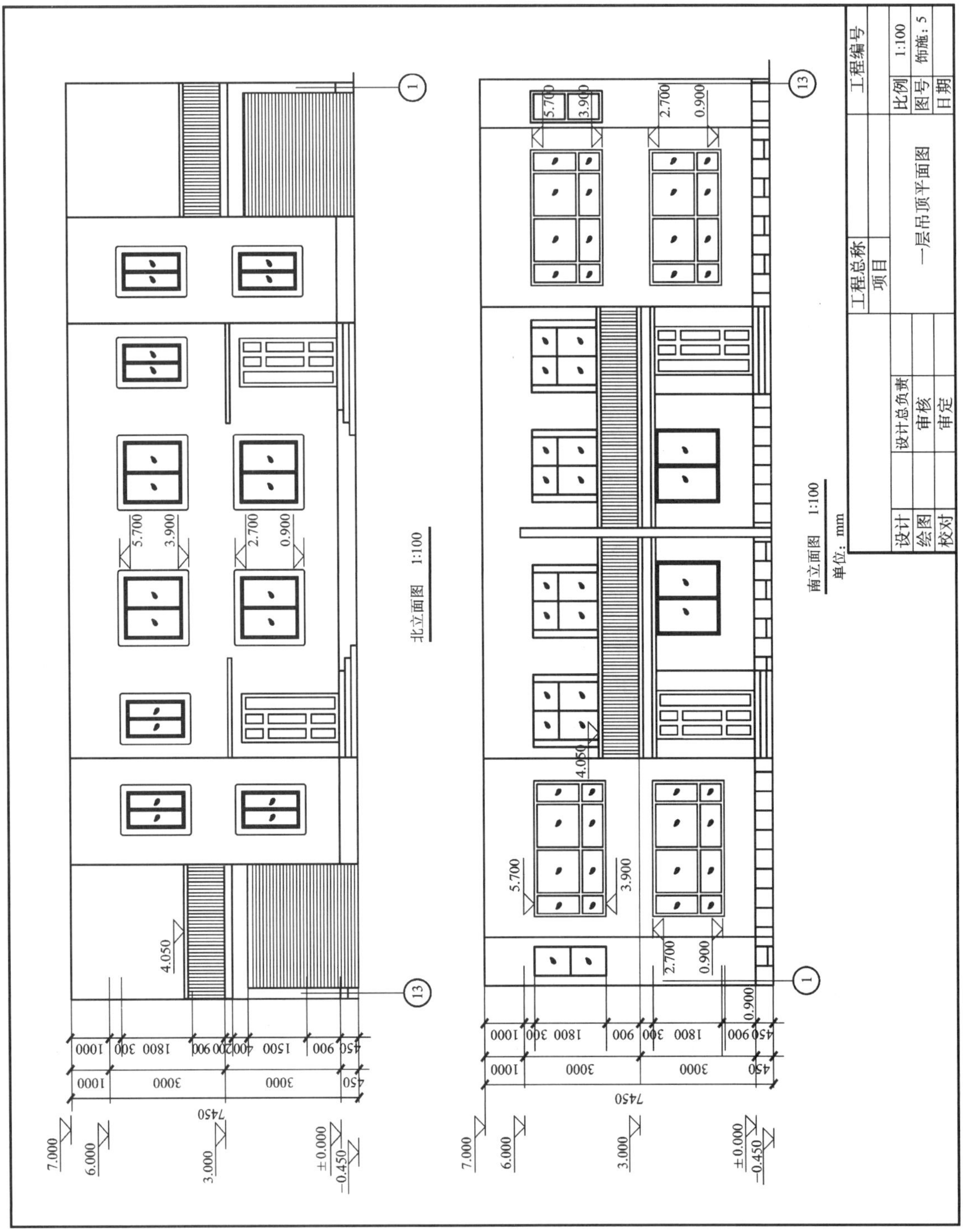
北立面图 1:100
南立面图 1:100
单位：mm
工程总称
项目
工程编号
比例 1:100
图号 饰施：5
日期
一层吊顶平面图
设计总负责
审核
审定
设计
绘图
校对

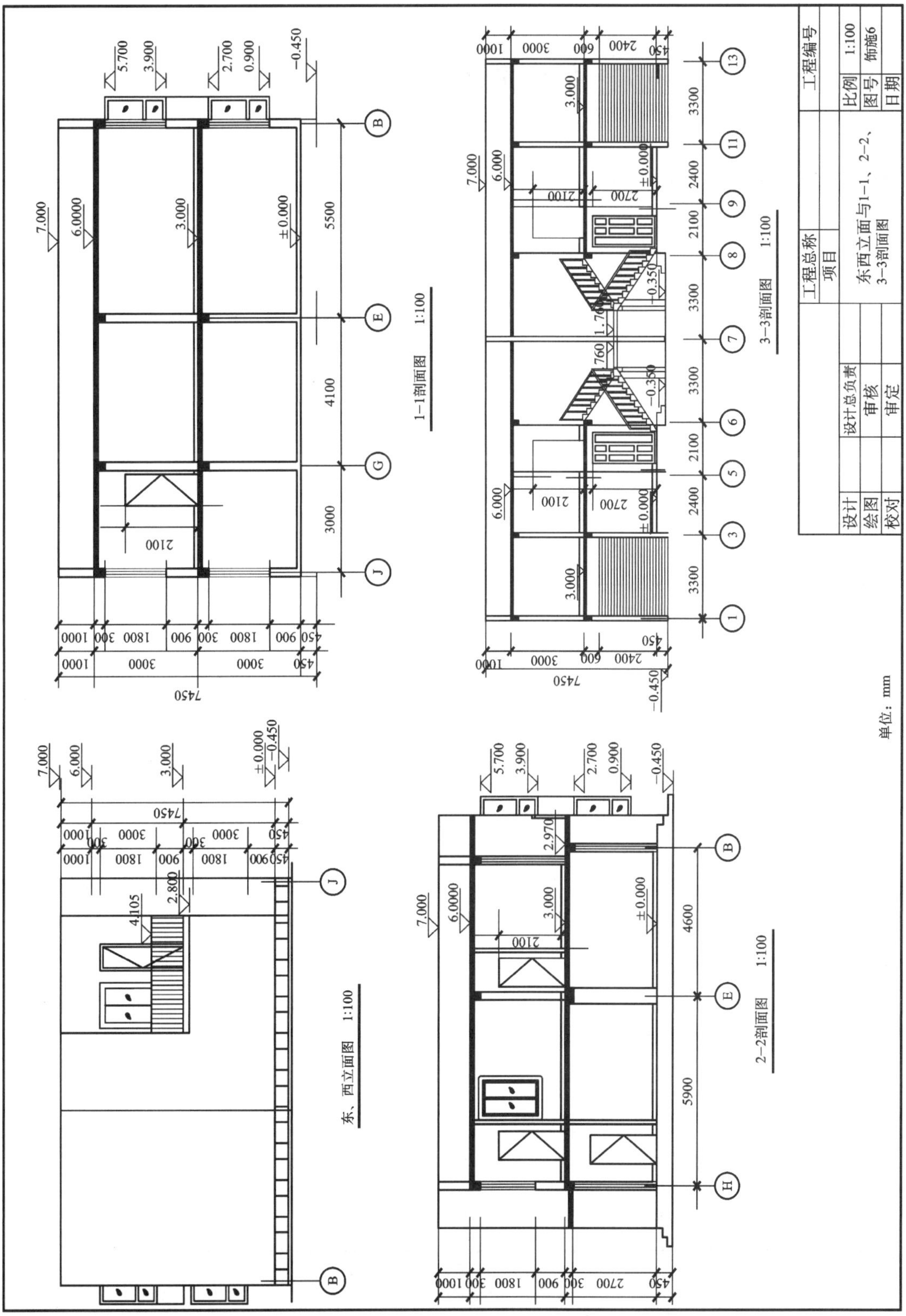
1—1剖面图　1:100
3—3剖面图　1:100
东、西立面图　1:100
2—2剖面图　1:100
工程总称
工程编号
项目
东西立面与1-1、2-2、3-3剖面图
比例　1:100
图号　饰施6
日期
设计
绘图
校对
设计总负责
审核
审定
单位：mm

综合训练图纸(二)

技能训练

请根据工程平面图及施工说明,完成整个工程定额子目的列项,并计算工程量。定额子目列项应参照《上海市建筑和装饰工程预算定额(SH 01-31-2016)》。

精装修样板间施工图

图纸目录

序号	序号	编号	规格	备注
01	平面布置图	PL-01	A3	
02	地面铺装图	PL-02	A3	
03	天花布置图	PL-03	A3	
04	立面索引图	PL-04	A3	
05	客、餐厅立面图	EL-01	A3	
06	客厅、主卧立面图	EL-02	A3	
07	主卧、书房立面图	EL-03	A3	
08	卫生间立面图	EL-04	A3	
09	厨房、卫生间立面图	EL-05	A3	
10	阳台立面图	EL-06	A3	
11	节点详图(1)	DT-01	A3	
12	节点详图(2)	DT-02	A3	
13	节点详图(3)	DT-03	A3	

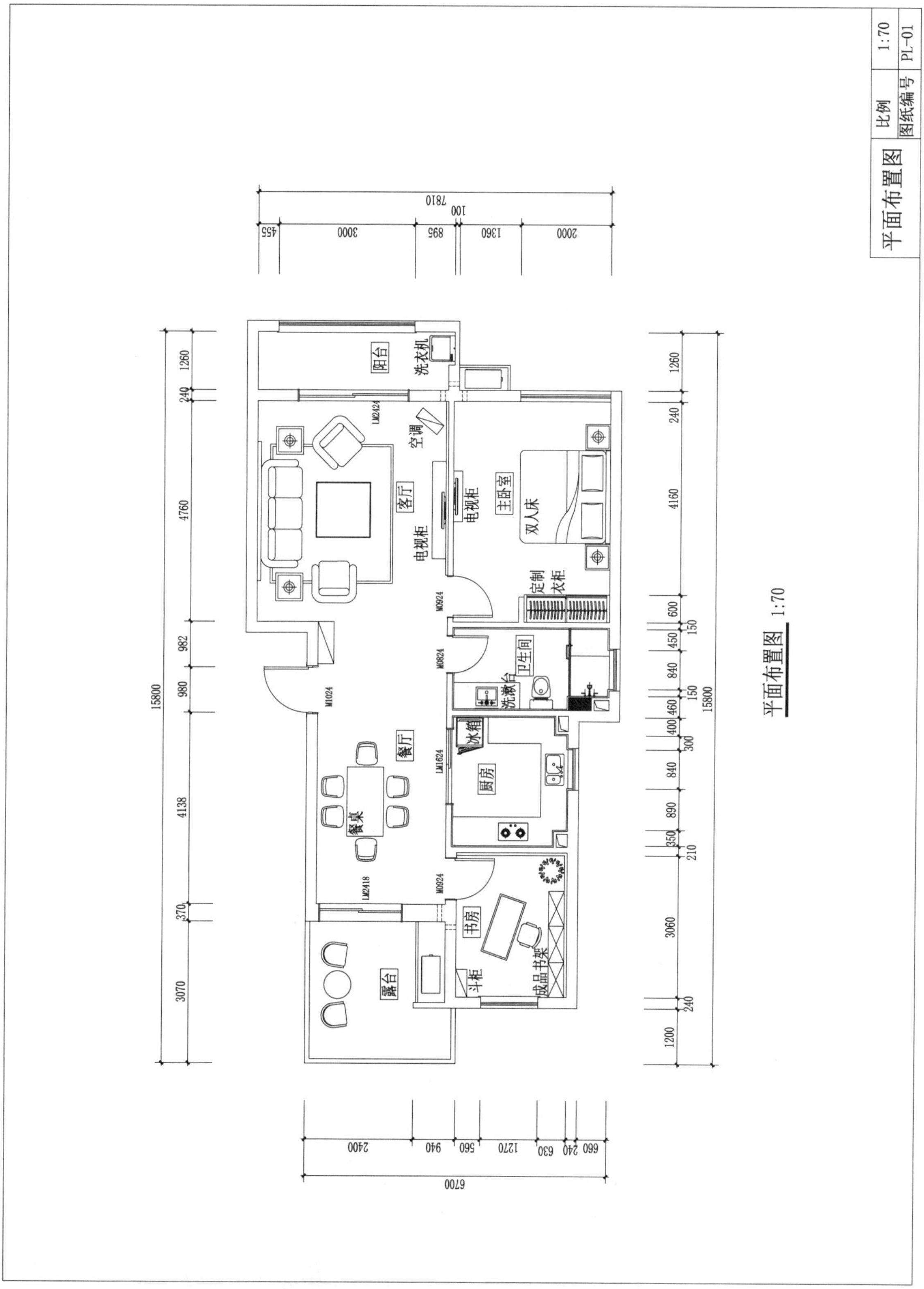
平面布置图
比例
1:70
图纸编号
PL-01
阳台
洗衣机
客厅
空调
电视柜
主卧室
双人床
定制衣柜
卫生间
洗漱台
冰箱
厨房
餐厅
餐桌
书房
斗柜
成品书架
露台
平面布置图 1:70

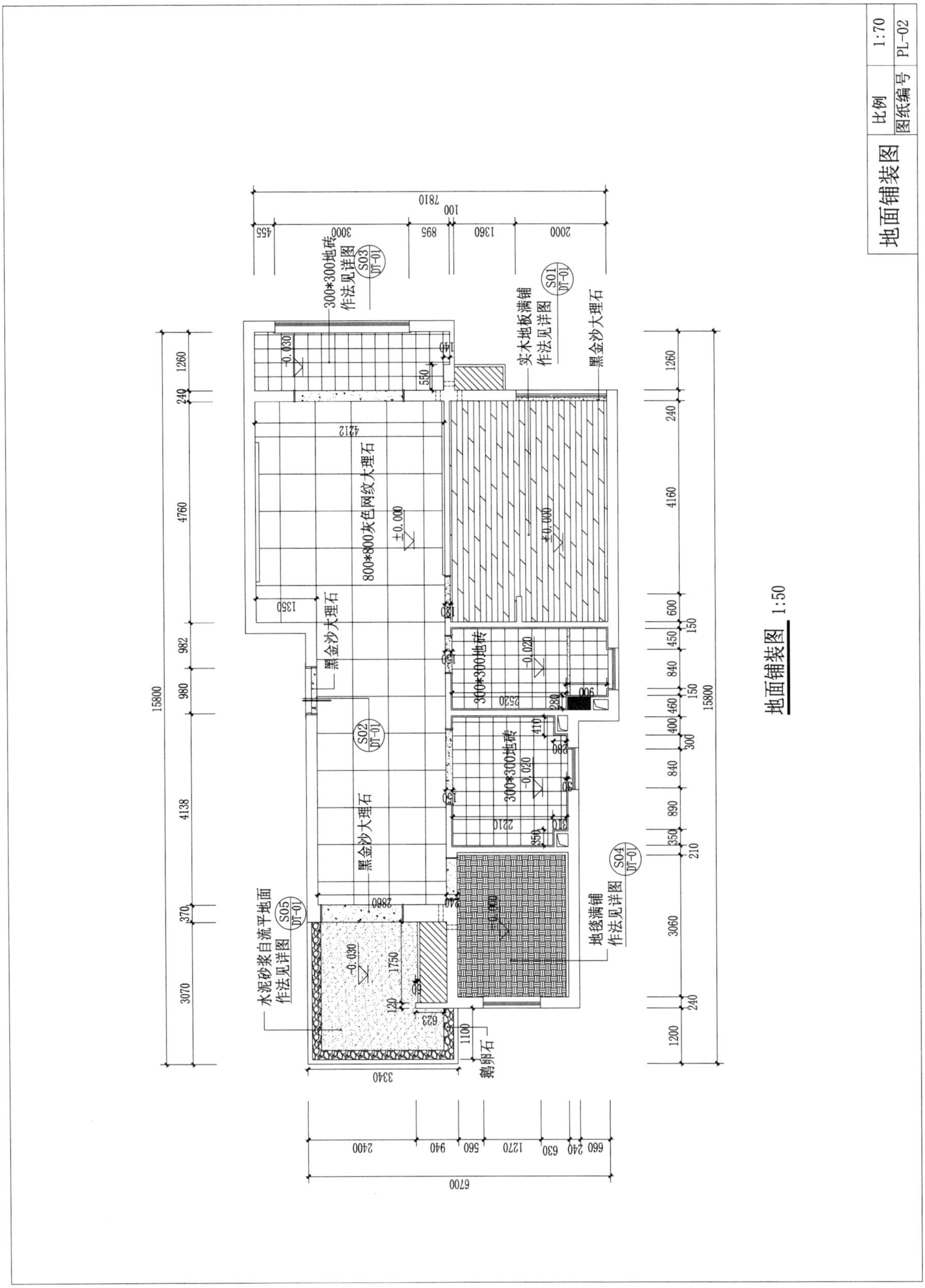
地面铺装图
比例 1:70
图纸编号 PL-02
300*300地砖
作法见详图
S03
DT-01
实木地板满铺
作法见详图
S01
DT-01
黑金沙大理石
800*800灰色网纹大理石
±0.000
-0.030
-0.020
300*300地砖
S02
DT-01
S04
DT-01
S05
DT-01
地毯满铺
作法见详图
水泥砂浆自流平地面
作法见详图
鹅卵石
7810
15800
6700
3340
地面铺装图 1:50

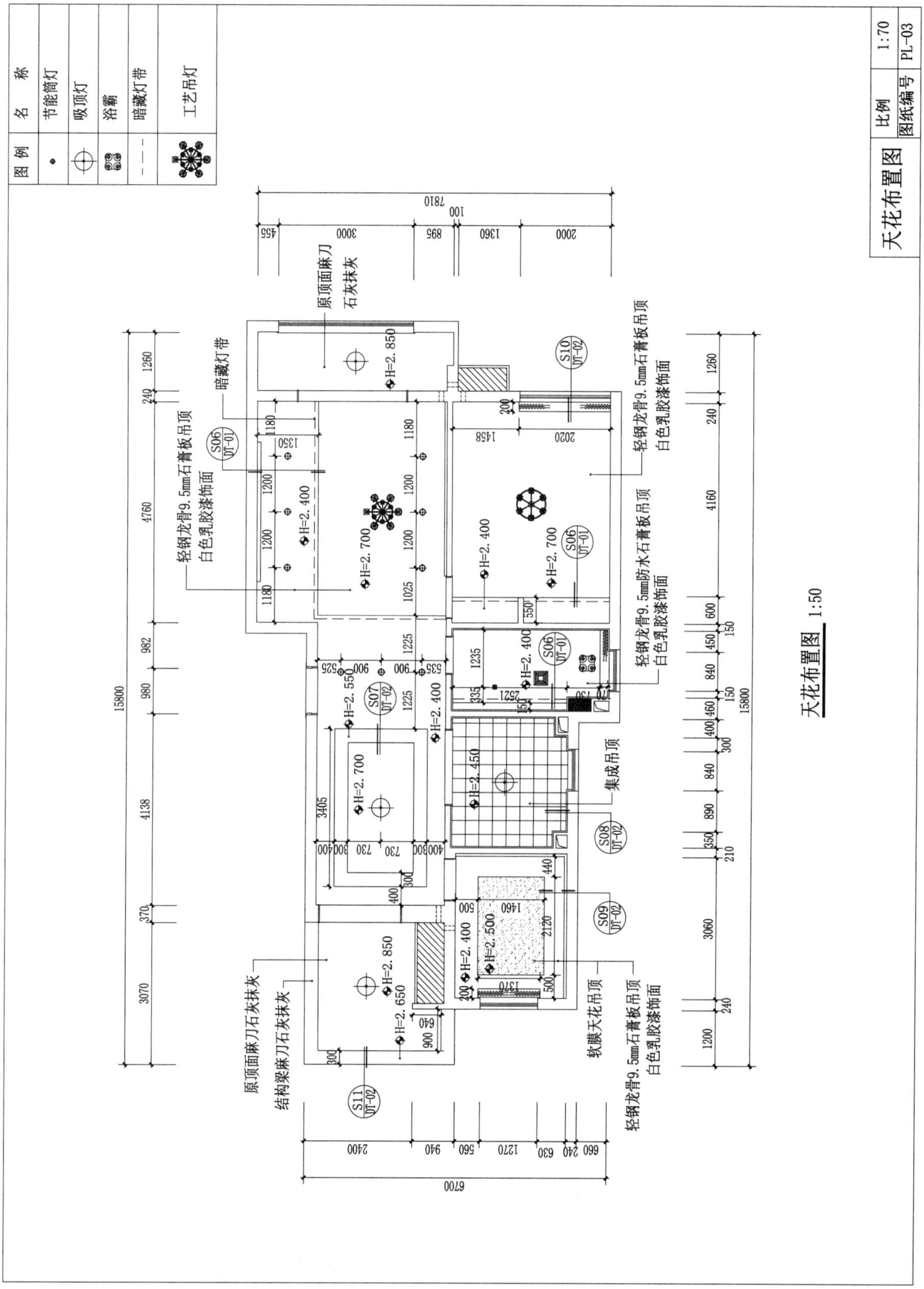

图例
名称
节能筒灯
吸顶灯
浴霸
暗藏灯带
工艺吊灯
天花布置图
比例
1:70
图纸编号
PL-03
原顶面麻刀石灰抹灰
暗藏灯带
轻钢龙骨9.5mm石膏板吊顶
白色乳胶漆饰面
轻钢龙骨9.5mm防水石膏板吊顶
白色乳胶漆饰面
集成吊顶
软膜天花吊顶
结构梁麻刀石灰抹灰
H=2.850
H=2.700
H=2.400
H=2.550
H=2.450
H=2.500
H=2.650
15800
7810
6700
天花布置图 1:50

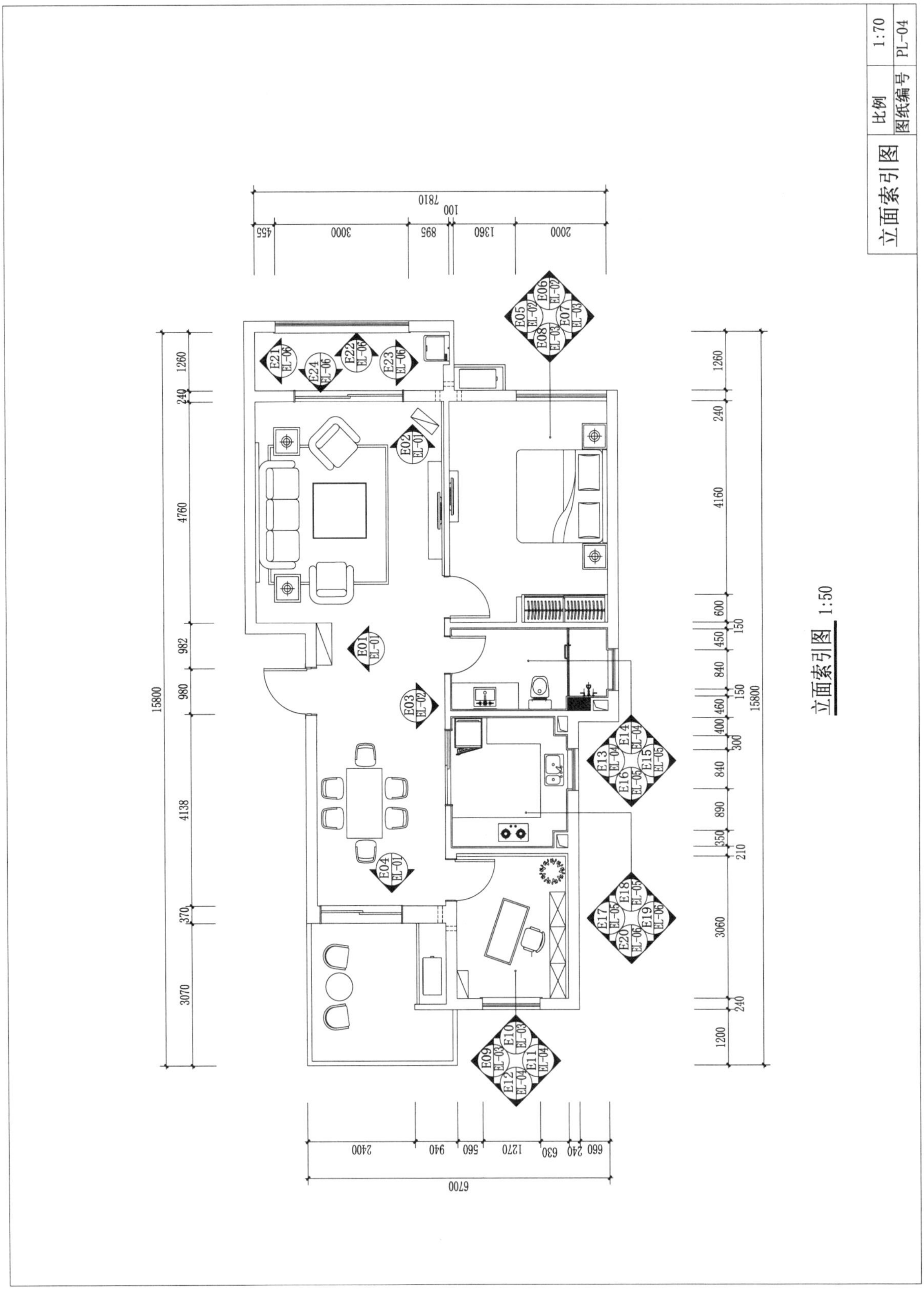
立面索引图
比例 1:70
图纸编号 PL-04
立面索引图 1:50
7810
15800
6700

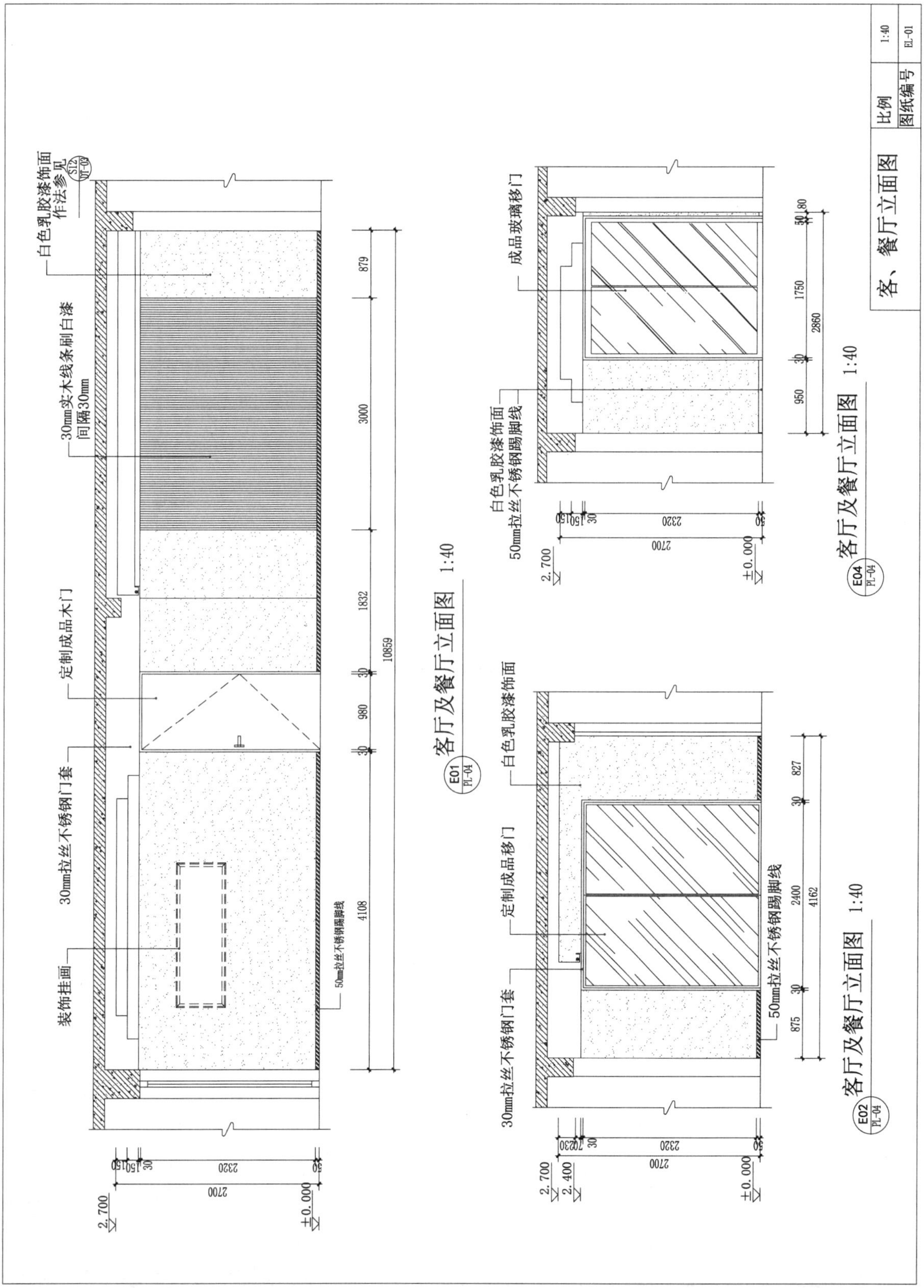
客、餐厅立面图
比例 1:40
图纸编号 EL-01
白色乳胶漆饰面
作法参见
30mm实木线条刷白漆
间隔30mm
定制成品木门
30mm拉丝不锈钢门套
装饰挂画
50mm拉丝不锈钢踢脚线
E01 客厅及餐厅立面图 1:40
成品玻璃移门
白色乳胶漆饰面
50mm拉丝不锈钢踢脚线
E04 客厅及餐厅立面图 1:40
白色乳胶漆饰面
定制成品移门
30mm拉丝不锈钢门套
50mm拉丝不锈钢踢脚线
E02 客厅及餐厅立面图 1:40

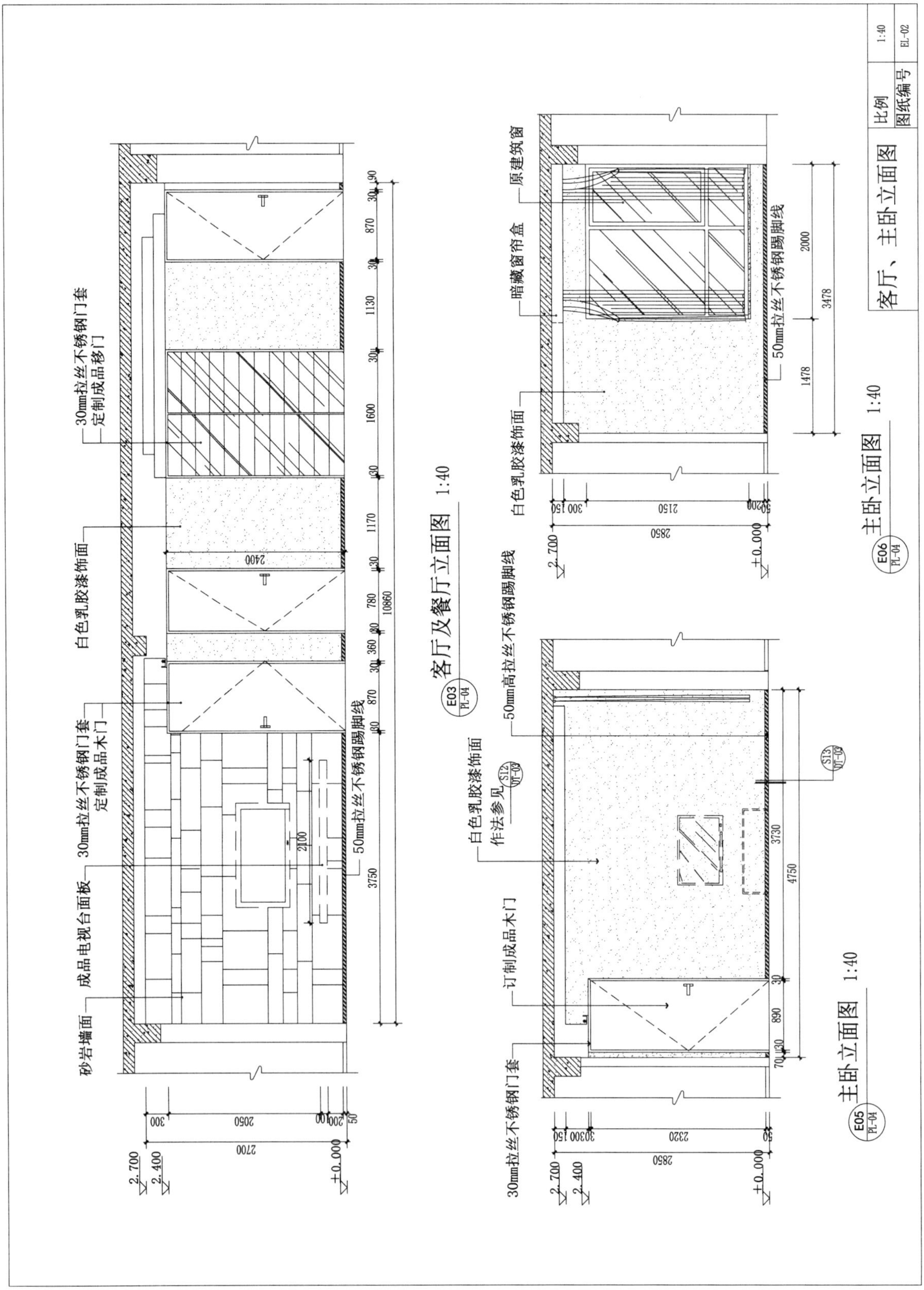
客厅及餐厅立面图 1:40
E03 PL-04
砂岩墙面
成品电视台面板
30mm拉丝不锈钢门套
定制成品木门
白色乳胶漆饰面
30mm拉丝不锈钢门套
定制成品移门
50mm拉丝不锈钢踢脚线
主卧立面图 1:40
E05 PL-04
30mm拉丝不锈钢门套
订制成品木门
白色乳胶漆饰面
作法参见
50mm高丝不锈钢踢脚线
主卧立面图 1:40
E06 PL-04
白色乳胶漆饰面
暗藏窗帘盒
原建筑窗
50mm拉丝不锈钢踢脚线
客厅、主卧立面图
比例 1:40
图纸编号 EL-02

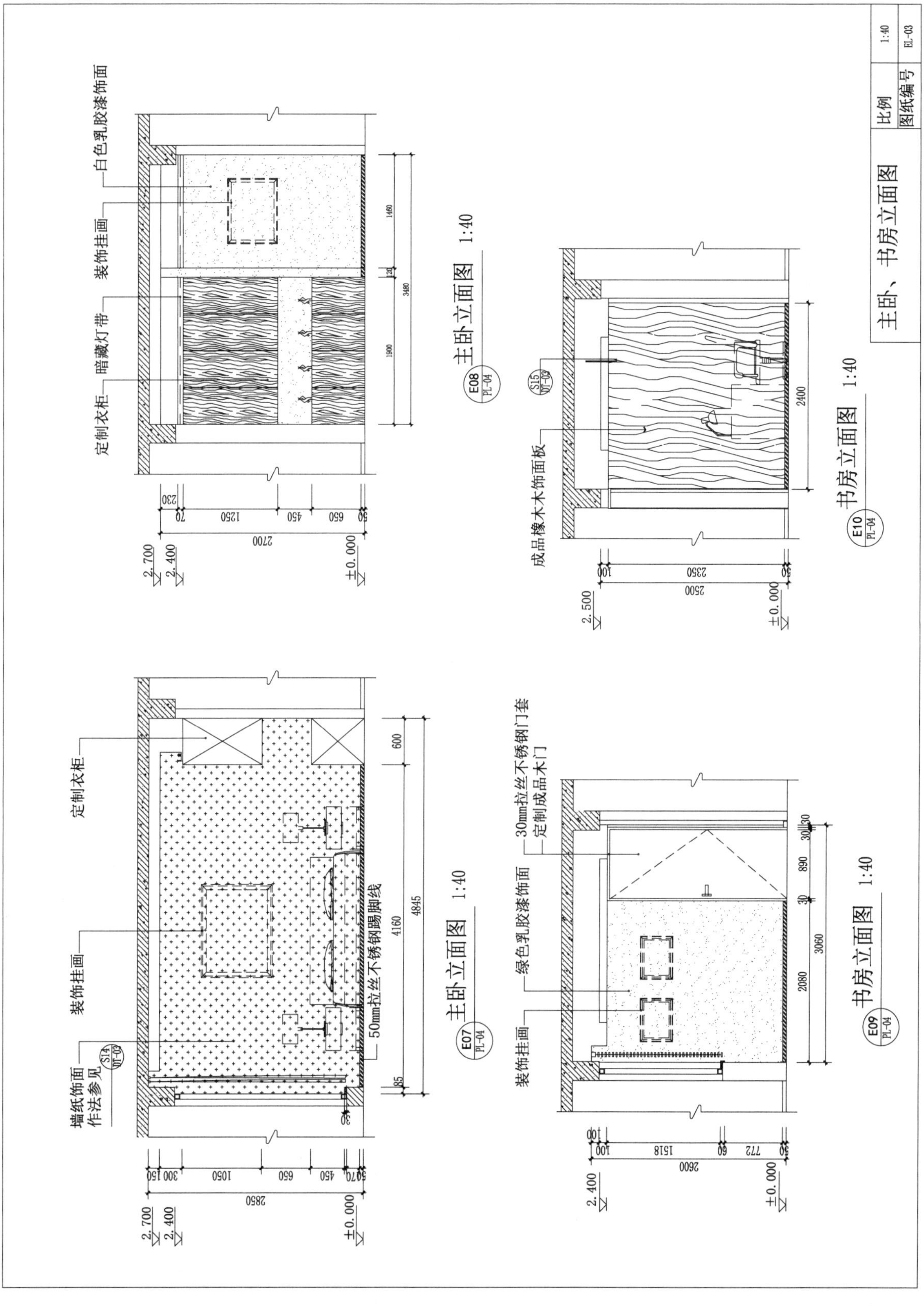

比例
1:40
图纸编号
EL-03
主卧、书房立面图
白色乳胶漆饰面
装饰挂画
暗藏灯带
定制衣柜
主卧立面图 1:40
E08
PL-04
成品橡木木饰面板
书房立面图 1:40
E10
PL-04
S15
DT-03
装饰挂画
墙纸饰面
作法参见
S14
DT-03
50mm拉丝不锈钢踢脚线
主卧立面图 1:40
E07
PL-04
30mm拉丝不锈钢门套
定制成品木门
绿色乳胶漆饰面
书房立面图 1:40
E09
PL-04
2.700
2.400
±0.000
2.500

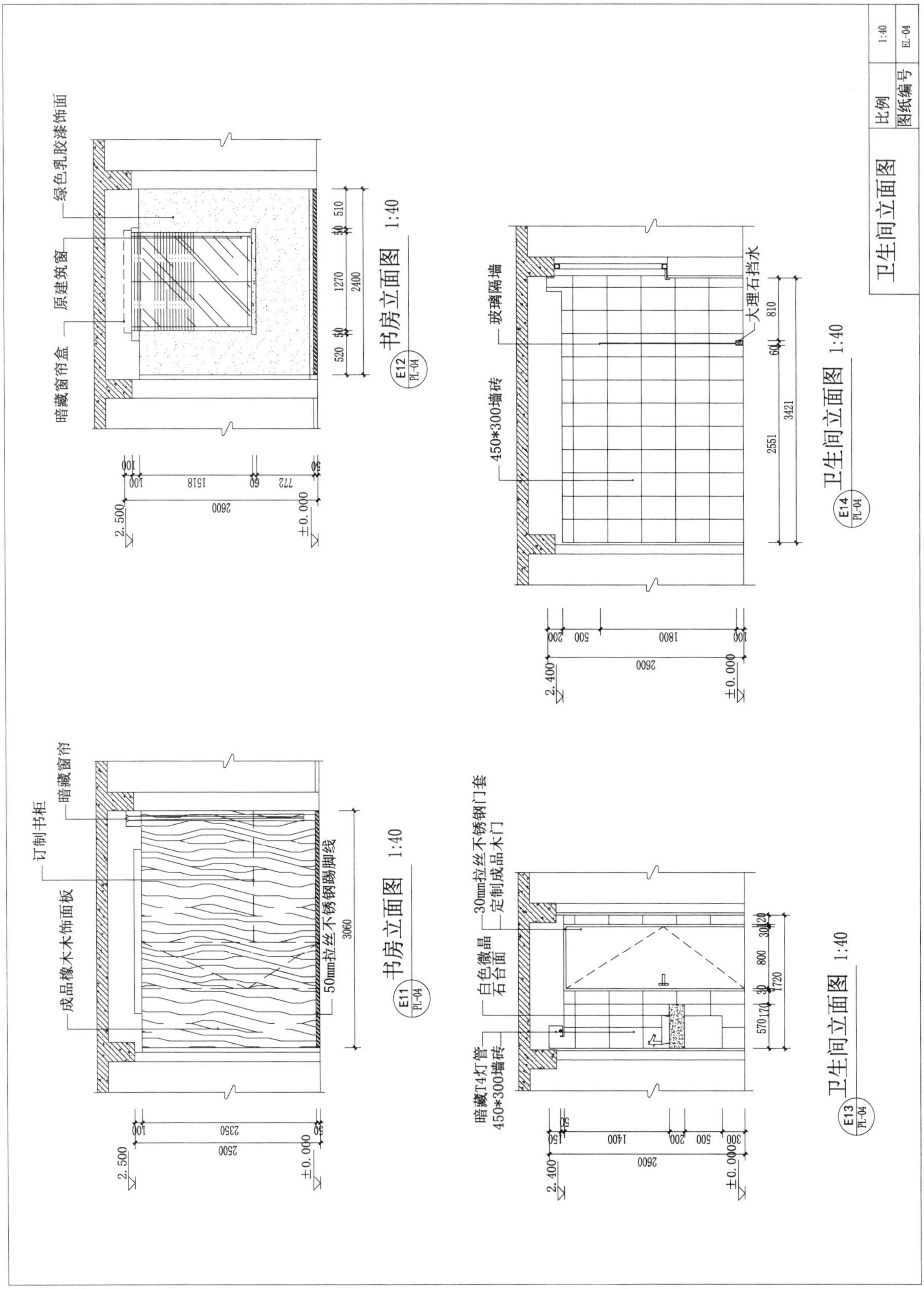

书房立面图 1:40
E12 PL-04
绿色乳胶漆饰面
原建筑窗
暗藏窗帘盒
书房立面图 1:40
E11 PL-04
订制书柜
暗藏窗帘
成品橡木木饰面板
50mm拉丝不锈钢踢脚线
卫生间立面图 1:40
E14 PL-04
玻璃隔墙
450*300墙砖
大理石挡水
卫生间立面图 1:40
E13 PL-04
30mm拉丝不锈钢门套
定制成品木门
白色微晶石台面
暗藏T4灯管
450*300墙砖
卫生间立面图
比例 1:40
图纸编号 EL-04

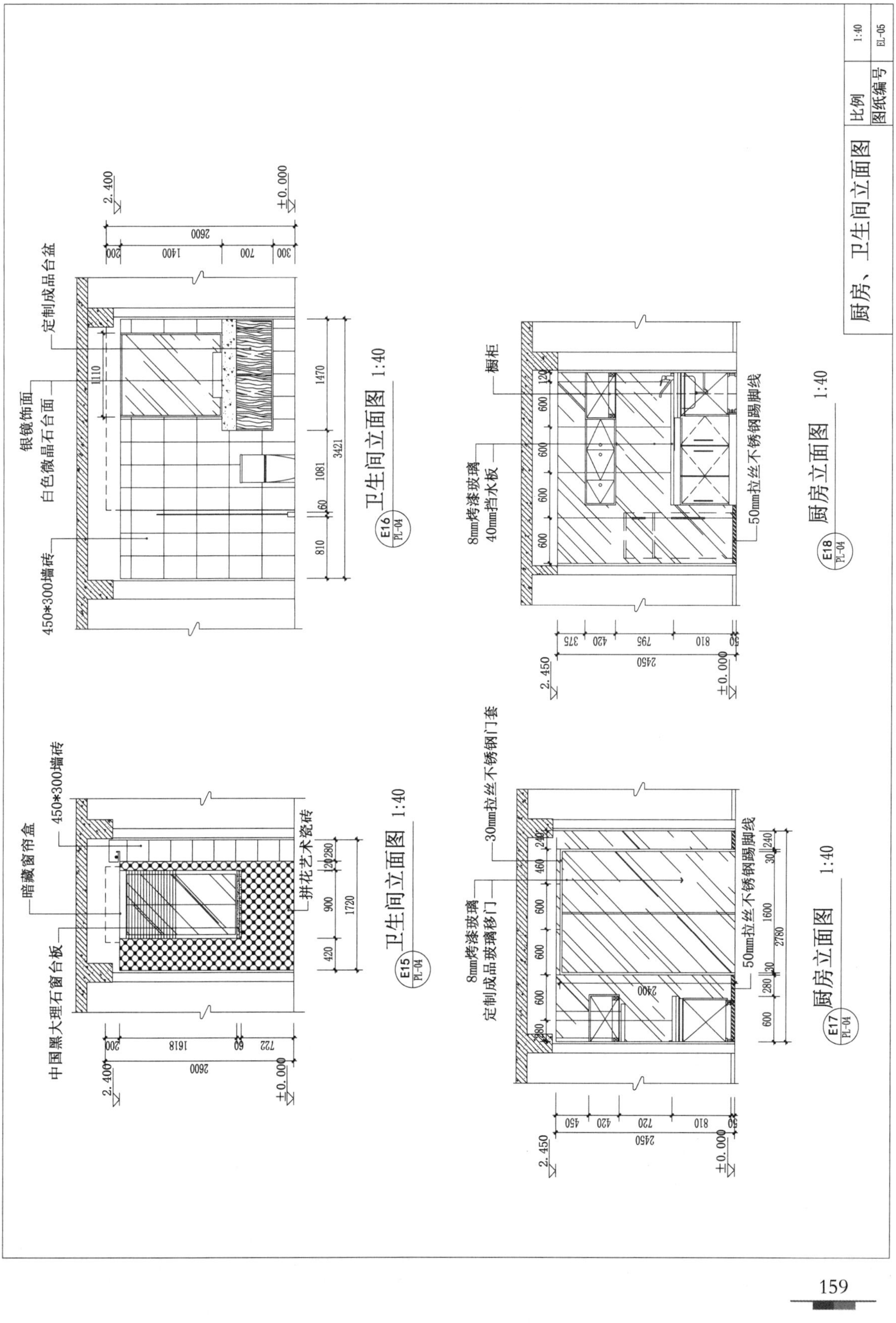
厨房、卫生间立面图
比例 1:40
图纸编号 EL-05
定制成品台盆
银镜饰面
白色微晶石台面
450*300墙砖
卫生间立面图 1:40
E16 PL-04
橱柜
8mm烤漆玻璃
40mm挡水板
50mm拉丝不锈钢踢脚线
厨房立面图 1:40
E18 PL-04
暗藏窗帘盒
450*300墙砖
拼花艺术瓷砖
中国黑大理石窗台板
卫生间立面图 1:40
E15 PL-04
30mm拉丝不锈钢门套
8mm烤漆玻璃
定制成品玻璃移门
50mm拉丝不锈钢踢脚线
厨房立面图 1:40
E17 PL-04
2.400
±0.000
2.450

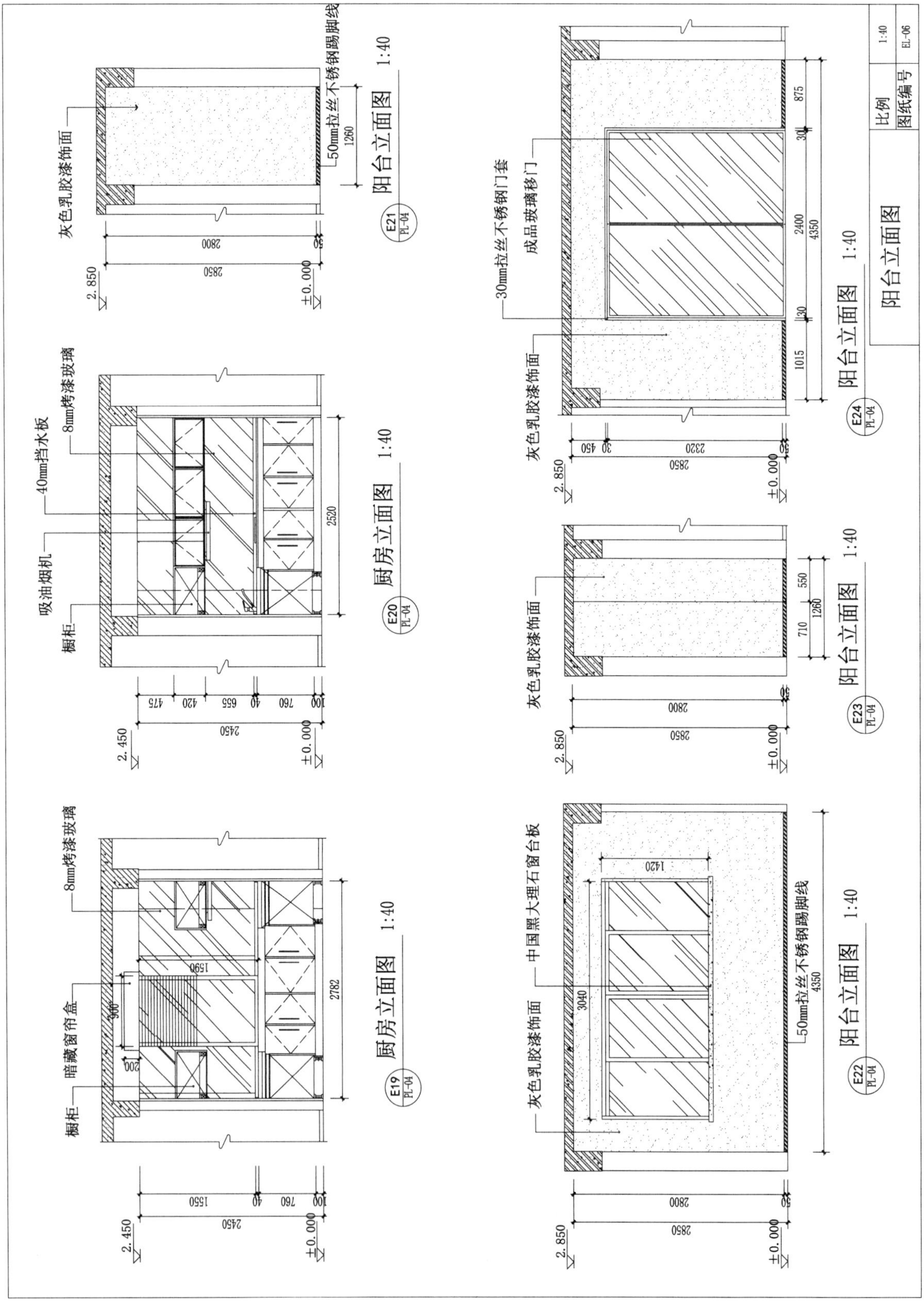

橱柜
暗藏窗帘盒
8mm烤漆玻璃
厨房立面图 1:40
E19 PL-04
吸油烟机
40mm挡水板
厨房立面图 1:40
E20 PL-04
灰色乳胶漆饰面
50mm拉丝不锈钢踢脚线
阳台立面图 1:40
E21 PL-04
中国黑大理石窗台板
阳台立面图 1:40
E22 PL-04
阳台立面图 1:40
E23 PL-04
30mm拉丝不锈钢门套
成品玻璃移门
阳台立面图 1:40
E24 PL-04
阳台立面图
比例 1:40
图纸编号 EL-06

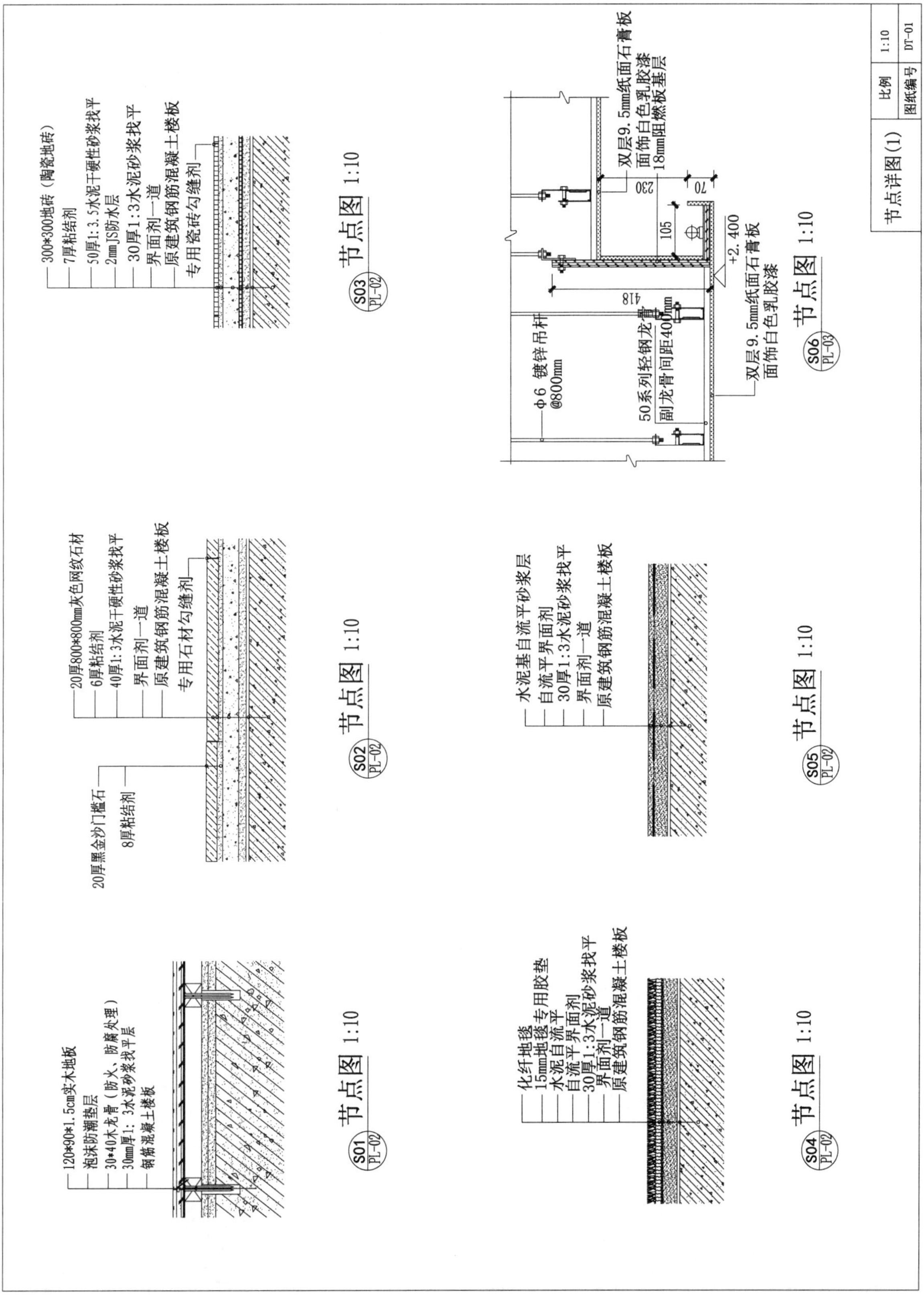
300*300地砖（陶瓷地砖）
7厚粘结剂
50厚1:3.5水泥干硬性砂浆找平
2mmJS防水层
30厚1:3水泥砂浆找平
界面剂一道
原建筑钢筋混凝土楼板
专用瓷砖勾缝剂
节点图 1:10
S03
PL-02
20厚800*800mm灰色网纹石材
6厚粘结剂
40厚1:3水泥干硬性砂浆找平
界面剂一道
原建筑钢筋混凝土楼板
专用石材勾缝剂
20厚黑金沙门槛石
8厚粘结剂
节点图 1:10
S02
PL-02
120*90*1.5cm实木地板
泡沫防潮垫层
30*40木龙骨（防火、防腐处理）
30mm厚1:3水泥砂浆找平层
钢筋混凝土楼板
节点图 1:10
S01
PL-02
双层9.5mm纸面石膏板
面饰白色乳胶漆
18mm阻燃板基层
230
70
105
+2.400
418
Φ6 镀锌吊杆
@800mm
50系列轻钢龙骨
副龙骨间距400mm
双层9.5mm纸面石膏板
面饰白色乳胶漆
节点图 1:10
S06
PL-03
水泥基自流平砂浆层
自流平界面剂
30厚1:3水泥砂浆找平
界面剂一道
原建筑钢筋混凝土楼板
节点图 1:10
S05
PL-02
化纤地毯
15mm地毯专用胶垫
水泥自流平
自流平界面剂
30厚1:3水泥砂浆找平
界面剂一道
原建筑钢筋混凝土楼板
节点图 1:10
S04
PL-02
节点详图(1)
比例
1:10
图纸编号
DT-01

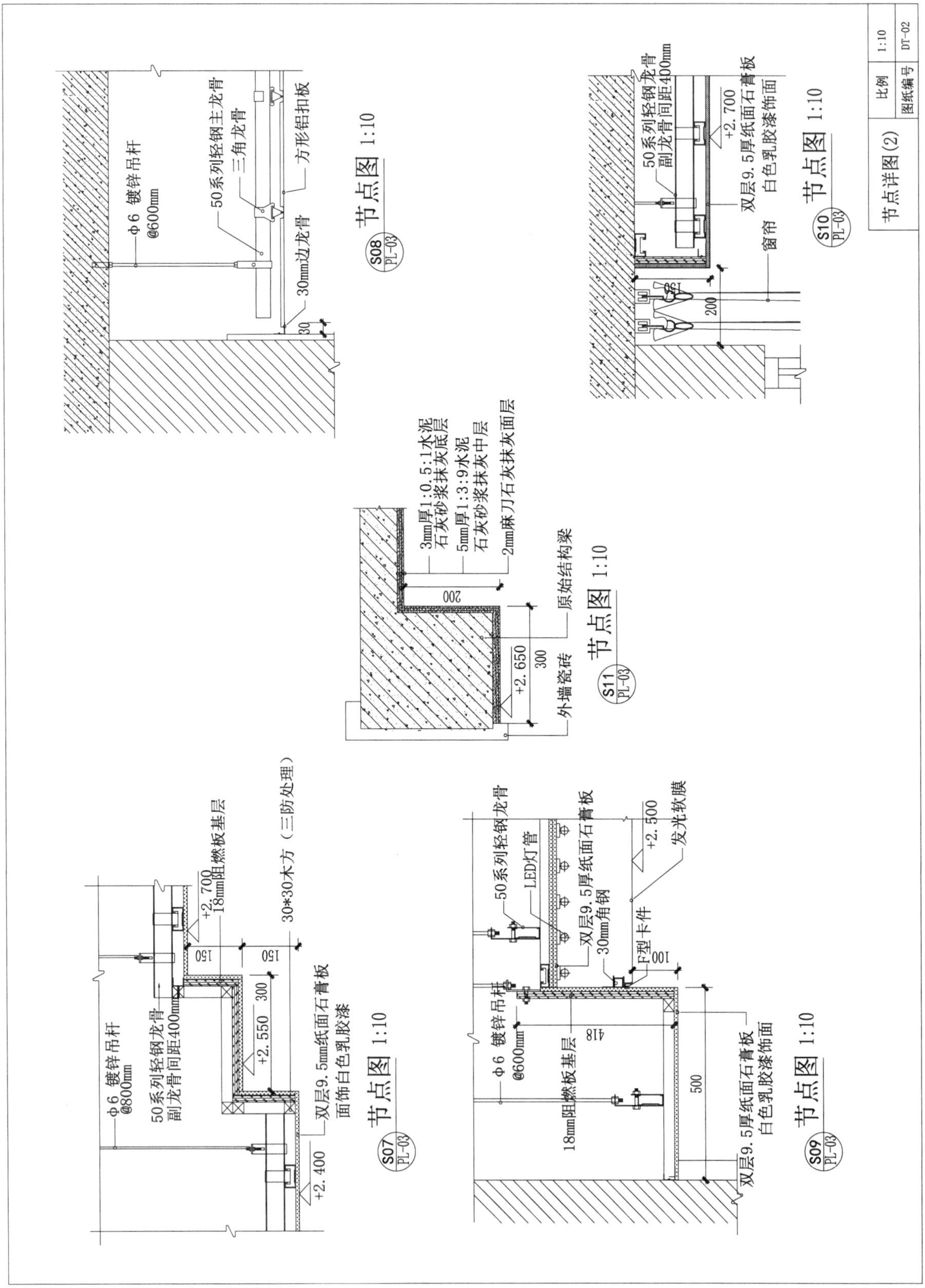

节点详图(2)
比例 1:10
图纸编号 DT-02
Φ6 镀锌吊杆 @600mm
50系列轻钢主龙骨
三角龙骨
方形铝扣板
30mm边龙骨
30
节点图 1:10
S08 PL-03
50系列轻钢龙骨
副龙骨间距400mm
+2.700
双层9.5厚纸面石膏板
白色乳胶漆饰面
窗帘
150
200
节点图 1:10
S10 PL-03
3mm厚1:0.5:1水泥石灰砂浆抹灰底层
5mm厚1:3:9水泥石灰砂浆抹灰中层
2mm麻刀石灰抹灰面层
200
原始结构梁
300
+2.650
外墙瓷砖
节点图 1:10
S11 PL-03
Φ6 镀锌吊杆 @800mm
50系列轻钢龙骨
副龙骨间距400mm
+2.700
18mm阻燃板基层
30*30木方（三防处理）
150
150
300
+2.550
双层9.5mm纸面石膏板
面饰白色乳胶漆
+2.400
节点图 1:10
S07 PL-03
50系列轻钢龙骨
LED灯管
双层9.5厚纸面石膏板
30mm角钢
F型卡件
+2.500
发光软膜
100
Φ6 镀锌吊杆 @600mm
18mm阻燃板基层
418
500
双层9.5厚纸面石膏板
白色乳胶漆饰面
节点图 1:10
S09 PL-03

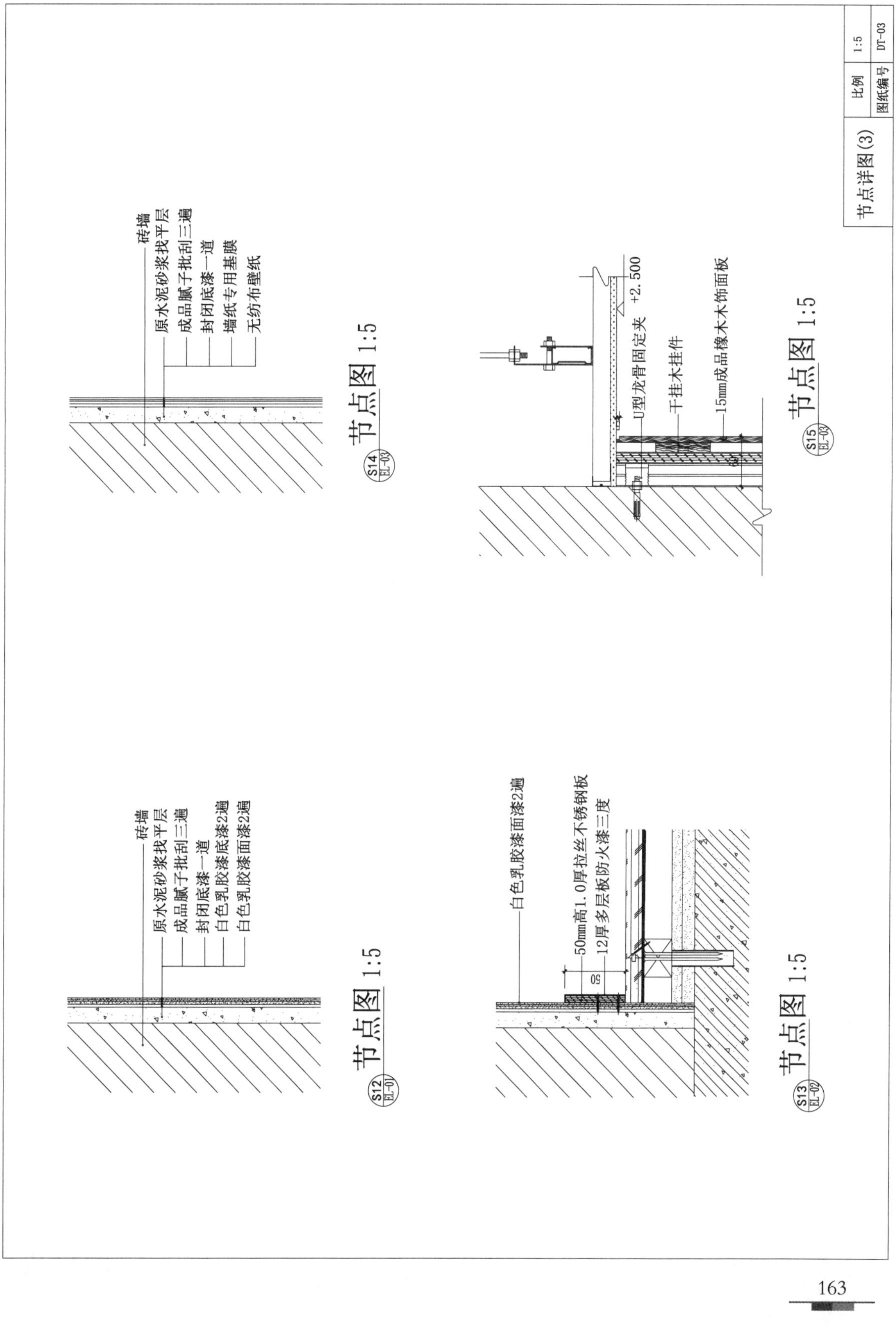
节点详图(3)
比例 1:5
图纸编号 DT-03
砖墙
原水泥砂浆找平层
成品腻子批刮三遍
封闭底漆一道
墙纸专用基膜
无纺布壁纸
S14 EL-03 节点图 1:5
+2.500
U型龙骨固定夹
干挂木挂件
15mm成品橡木木饰面板
S15 EL-03 节点图 1:5
砖墙
原水泥砂浆找平层
成品腻子批刮三遍
封闭底漆一道
白色乳胶漆底漆2遍
白色乳胶漆面漆2遍
S12 EL-01 节点图 1:5
白色乳胶漆面漆2遍
50mm高1.0厚拉丝不锈钢板
12厚多层板防火漆三度
50
S13 EL-02 节点图 1:5